神は詳細に宿る

養老孟司

青土社

神は詳細に宿る　養老孟司

目次

神は詳細に宿る

まえがき

この本は、近年私がいろいろな媒体に書いた文章を集めたものである。タイトルの「神は詳細に宿る」は、その一つから編集者が選んでくれたもので、この本全体がその主題を中心に扱っている、というわけではない。

ともあれ詳細はバカにされるものである。どうでもいいでしょ、そんなこと。確かにそういうことはある。虫の細部を見ても、なんの役にも立たない。

でも私は解剖学や昆虫の分類のように、とりあえずは世間の役に立たないことを一生やってきた。本を書いたり、講演をしたりするから、他にも仕事をしているじゃないか、と思う人もあろう。でもそれは、いわば世間様とのお付き合いである。自分だけが関わるわけではない。その種の仕事は独りではできないし、お陰様で、というしかない。

詳細を調べると、いろいろなことがわかる。そうすると、なにが起こるか。世界が膨張する。ビッグバン以来、宇宙は膨張し続けているという。詳細を見ることは、それと同じである。詳細を見ることによって、当然ながら、見ていない部分にも、徹底的に詳細があることがわかる。その意味でこそ、世界が広がる。詳細を見るたびに、宇宙は膨張するのである。それを感じることがないだろうか。

世界を横に見て、広いなあと感じる。それは当たり前である。しかし詳細を見ると、世界を見なくても、世界が広いことがわかる。ウィルスの分子構造がわかった時に、ヒトの身体の構造をその詳しさで調べてみたら、人体がどこまで巨大になるか。まさに小宇宙なんだと気づくはずである。

脳はどこまでわかりましたか。そう訊く人がある。どこかで一〇〇パーセントわかると思っているらしい。そうはいきませんね。詳細がわかればわかるほど、脳は膨張するんですからね。

でも結局は同じことの繰り返しでしょ。一つのことが詳しくわかったら、以下同様でいいじゃないですか。そう思うから、おかげで今度は世界が狭くなる。現代人の世界はその意味ではきわめて狭い。すべてはゼロと一とで描けてしまうからである。さらに、どうせ同じなんだから、私なんか、いてもいなくてもいい。そういうことになって、万事がどうでもいいことになってしまう。そのくせ考え方の違いで、殺し合いになったりする。大局観を一致させようとすると、喧嘩になるからである。詳細を見ていたら、そういう喧嘩の暇はない。

他方、詳細に淫（いん）するということもある。だから虫の話は詳しくはしない。そういう詳細は論文にする。あるいはなんにもしない。自分が理解すれば、それでいいからである。

既に述べたように、この本は折に触れて書いたものを集めてある。話が一貫しているかどうか、私は知らない。でも私が考え、書いたことは間違いない。その意味では一貫しているに違いないのである。

煮詰まった時代をひらく

I

誰でも、もし、科学に信頼をおくならば、同時に、科学的発見の大部分がすでに終わっているという可能性――確率といってもいいかもしれない――を受け入れざるを得ないのだ。ここで言う科学とは、応用科学ではなく、最も純粋で、崇高な、科学の分野、つまり、宇宙とその中にある我々の場所を知ろうとする、人間誕生以来の科学的な探求を指す。もはや、これ以上の研究を続けても、収穫逓減の原則に従い、わずかの成果の積み重ねにはなっても、偉大な新事実や革命に遭遇することはないだろう。

――ジョン・ホーガン
『科学の終焉』竹内薫訳

『唯脳論』から三〇年……煮詰まった時代に

――『唯脳論』が雑誌『現代思想』で連載されていたのが一九八七年。それから約三〇年が経ちました。

『唯脳論』を書いていた時期は本当に日本の変わり目でしたね。高度経済成長がそろそろ天井を打って万事煮詰まっていくのですが、経済が最初に煮詰まりました。平成七年に私は大学を辞めたのですが、その年の定期預金の利息が〇・五パーセントになりました。その後はゼロに落ちて、そのまま来ています。経済畑の人は「失われた二〇年」と言いますが、その前提はひたすら成長するというものですね。「成長が止まった」ということに納得がいかないから、この二〇年どうしたらいいかわからないできている。

「環境」が表面に出てきたのもちょうどその頃からです。それまでは環境破壊と言われても経済に隠れてあまり意識されなかった。逆に経済のほうが落ちたから、環境が上に上がってきたのです。その両方が絡んでいるのが温暖化やエネルギー問題ですが、まさに両方が絡んでいるからものすごくインチキ臭い厄介なことになっています。

その根本にあるのは、人の意識的な世界がどんどん進んでいく『唯脳論』の問題です。人間社会では、人のほうが置いてけぼりになって、システムが優先されていく。今はシステムが大きくなりすぎて、にっちもさっちもいかない、煮詰まってしまった状態です。例えばWindowsを取り換えようといったって簡単にはいかないし、高速道路網や一般道も含めて、車も完全に社会システム化してしまっていて、土の道がもうなくなってしまいました。そういう生活がほとんど当然になってしまった。

だから、当時考えたように推移しているというか、考えたようにしか推移していないというか、本当にその通りになってしまった。しかも、それで何の不思議もないという状況になってしまった。一九九六年にジョン・ホーガンの『The End of Science』（邦訳タイトル『科学の終焉（おわり）』）という本は、科学者にインタビューした本ですが、その中身が面白かったというよりも、それを通して要するに科学が煮詰まったのだということがわかりました。この本の最後もそうですけど、当時は「科学が進歩すればこういうふうになる」と言えたのですが、今はもう言えないでしょう。誰もそんな極端なことを信用していません。

経済が煮詰まった原因ははっきりしていて、要するにお金があっても増えなくなったからです。それを水野和夫さんは「資本主義の終焉」と言っていますが、結局根本を考えてみると、人間が本当に利益を得るのは、自然から収奪するとき以外ありえません。金融などはお金が行ったり来たりしているだけで、お金を使う権利が動いているだけのことです。実体経済と言いますが、本当に何か純粋に、われわれが利益を得るのは自然からだけなんです。その収奪が限度に来ている。ですから、結局お金があっても投資先がないという状況になる。したがって、日本でも銀行がこの一〇年間で人員整理を始めましたが、何万の桁で人員を減らすのが当然になった。気がついていないにしても、自然との対峙というか向き合い方が、問題の真正面に出てきてしまった。むしろ、政治や経済はこうなってしまった状況をどうするかということで汲々としています。日本の場合が一番いい例だと思いますが、日本は島国で実は世界にあまり依存していません。別に日本はトヨタでもっているわけではありません。そういう部分はもちろんありますが、輸出依存度はGDPの一七パーセントですから、韓国やドイツに比べるとえらく低いのです。そういう国は輸出依存度がおそらく五〇パーセントを超えています。いずれにしても、いわゆる先進国で、世界のかなり先を走っていた日本が煮詰まったということは、世界中が煮詰まっているということです。

ここ二〇年の経済状況を言うと、実質賃金がひたすら低下して、二〇年前に比べると一五パーセント減になっています。〇・七五パーセントの年間減というのは、一パーセントいかないのですから、ゆでガエル理論のように実感としてわからないですよね。それをデフレと称しています。デフレの状態が二〇年続いて直らないでひたすら下がっている。ただ、ゆっくり下がっているから、ほとんど平坦な感じに見えます。結局それも考えてみたら、全部煮詰まったからです。一番身近でよくわかるのは、スマホではないでしょうか。ああいうものがつくられて、あっという間に広がって、docomoが大きくなって、ものすごく短い期間で小学生がスマホを持つようになってしまった。ということは、現在の技術は完全に飽和しているということです。供給のスピードがめちゃくちゃ速くて、多少の需要が発生してもびくともしないくらいの供給能力になっている。平成七年の神戸の震災のすぐ後に、日下公人さんと対談して本をつくったのですが（『「バカの壁」をぶち壊せ！』）、日下さんが「あれだけの震災が起こって、原材料費も人件費も一切上がらなかった。日本経済は供給力過剰ですよ」と言っていたのを今でもよく覚えています。結局そこまで技術が煮詰まってしまっている。例えば東北の震災では合板工場がやられたのですが、それによって日本の他の地域にある合板工場がいつもフル稼働していないということがよくわかった。要するに、フル稼働すると余ってしまうのです。すぐに足りない分は補えるようになっている。そういう社会になってしまっています。

こういう一種の停滞している状況で夢がないとすると、自分に向かうしかなくなってきています。自分のなかの自然としての身体と、外部の自然の環境問題にある程度目が向いている状況だけれど、根本的にはどう考えていいかわからない。それで私は意識の問題をずっと扱っているのです。結局なんだかんだ言うけれど、やっているのは人の意識なのです。もちろん、意識でない部分がモチベーションになっているのですが、それを具体化していくときは意識を使ってやっているわけですから。

かつてのサッチャー・中曽根・レーガン政権といういわゆる新自由主義とは何だったんだろ

うと考えてみると、話は簡単で、おそらくあの頃から動く方向はグローバリズムしかないと考えて、そちらへ社会を動かしていこうとしていたのでしょうね。ところが、どんなときでもそうですが、新しい方向に動こうとすると、普通の人は基本的には抵抗するのです。政治は普通の人を相手にしなければなりませんから、それをどう引っ張るかというときに保守主義を使ったのです。一般に革新を使うよりは保守を使ったほうが票集めが簡単というか常識的なラインになります。その後を考えてみると、安倍までずっと同じですね。だから、安倍は「右翼」と言われたけれど、まったく右翼ではないですね。つまり、彼の保守主義は票集めだと思います。小泉政権のときにも書きましたが、小泉個人が靖国に行こうが行くまいが、中韓が反発するだけの話で、北朝鮮のデモンストレーションみたいなものですよね。票集めや人気取りになるかもしれませんが、基本的にはただ騒いでいるだけです。しかし実態は、竹中平蔵に象徴されるように、日本流のグローバリズムです。それに気がつかないままに今まで来ている感じがします。

近くで言うと、状況的には韓国が一番酷いのではないでしょうか。韓国は大卒の就職率が五割、逆に言うと失業率も五割です。若い人の意識調査をすると、国家社会主義がトップになる。つまり、具体的な庶民の状況は、社会主義が必要だということで北朝鮮に近くなっています。それであの財閥叩きも起こっていると思います。韓国の財閥は実は多国籍企業ですから、多国籍企業の植民地と化しているという見方もできるので、そうすると国民が怒り出すのも無理はないという感じがします。なんといっても、働いた分の利益が戻ってこないのですから。

日本はその点はかなり違います。それでもメディアは「株価がバブル以来高くなった」と報道する。ところが、株の売買の七割は外国人です。では、なぜメディアはあれだけ大きく言うのでしょう。提灯を持っている以外ありえないでしょう。実質賃金は一五パーセント減のまま来ている。デフレを解消するといって、日銀の黒田総裁をはじめ三年やりましたが、まったく影響がない。しょうがないからここのところ「六期連続プラス成長」と言っていますが、それは嘘というか、上を向いたように見えるのはデフレ効果なのです。価格が下がるか、収入が増えるかという点で言うと、収入が増えるのは成長だけれど、実は収入が減っても物の価格がそれ以上に下がると外見上はプラスに見える。やっていることはほとんど詐欺ですよ。

私が一番わからないのは、メディアがなぜそう報じなければならないのかということです。メディア自体がそういうシステムに上手に取り込まれていて、それに気がついていないのでしょうか。上のほうから記事を消されたりするのでしょうか。そうなると、誰がこの社会を動かしているのかという、よくわからない問題にぶつかってきます。

ともあれ、先ほど言ったように、天然資源というか環境から人間が純粋に手に入れられるものが限界を迎えています。収奪能力も非常に高いので、何か見つかればあっという間です。例えば前に、南極海かどこかの底生魚がいいというので、一時バッと売れましたね。それであっという間にいなくなった。今はウナギやマグロに来ているでしょう。ああいった天然自然のものを獲るのは完全に限度が来ています。自然からの収奪はほとんど不可能に近くなってきています。そういう意味で、経済も社会制度も見直さなければいけません。

それが翻っていくと、一人一人の生活をどうするかという具体的な話になってきます。これはかなり当たり前の現象が起こったという気がします。にっちもさっちもいかないものの一つが原発でしょう。ただでさえ狭いのに住めない土地をあれだけつくってしまったわけですから。エネルギーもそういう意味では限度がある。たとえメタンハイドレートが深海から掘れたとしても、そもそもコストがかかりすぎるだろうし、ろくなことはないでしょう。改めて見直すという話になると、今度は景気が悪いという話になってくる。これが不思議です。どうもこれは人間の根本的な何かに引っかかるのでしょう。何かが右肩上がりでないといけない。

とにかく最初の結論は、万事煮詰まったということです。煮詰まったために社会が小うるさくなっていきます。ニュースを見ていると、変な事件や捏造事件が取り上げられています。捏造というのは車の検査が典型的にそうで、セクハラやパワハラもそうですが、みんな人のつくったルールのほうで引っかけているわけです。実際に起こっていることとはあまり関係がない。「さて、みなさんこれからどうするんですか?」と話をしていても、若い人が根本的にやることがないわけだから、自殺の話があれだけ出ていたり、わけのわからない犯罪が発生したりするのです。

地域とコミュニティに見出す希望の萌芽

——自然を収奪の対象とする経済システムが限界を迎え、かつ国内を植民地化し、労働者を不条理な状況に追い込んでいくような社会が煮詰まっているとのご指摘ですが、生活や経済の回し方を再構築するために、どこに取っかかりを掴んでいけばよいのでしょうか。

私はこの二〇年くらい地域のことをやっています。やっていればわかるのですが、地域には全部個性があります。これは生物多様性と同じで、多様性を持ったものは一言では言えないという特徴があります。全部違う。これも「情報」の問題になってきますが、感覚とはそういうもので、いちいちの違いに立脚しているわけですから、いちいち違うものを今までのように一つのシステムとしてまとめてやる、あるいは論じるということが難しいのです。今挙げた生物多様性という言葉が典型的です。つまり、私たちは生物がいろいろあると知っているのですが、普通の人たちは知りません。感覚的ではないのです。本当は一言にできないから「多様性」なのですが、そこではそれぞれ違うものを一言にしてしまっているのです。「生物多様性」という言葉自体が自己矛盾です。そしてそれは意識の問題です。

そこが気になったので、「同じ／違う」という話を本にまとめました（『遺言。』）。動物と人との違いの根本はそこにあって、意識が優先してくる。「同じ」にすることが優先してくるということです。言語が優先し、システムが優先する。特にコンピュータがそうです。それは良い悪いではなくて、そういうことを心得ておかないといけないということです。動物の部分を人間は持っていますが、そこだけで生きていくのは無理です。

地域に関心があるのは、地域の多様性をどうやって維持していくかということや、そういうところでどうやって将来的な生活をするのかということを考えるからです。それを考えていくと、逆に非常に問題になってくるのは、防衛です。つまり、経済が下がって、地域的にハッピーな人たちができたとしても、周囲に大きい不幸な集団があると、あっという間に潰されます。地上の楽園はつくれないのです。そこからひっくり返って、もう一度グローバリズムに戻らなければいけなくなる。本当は日本のなかで自給的にハッピーな世界がつくれるはずなのですが、それを本当にやっていいのかということです。

私が生まれた頃の中国だと、おそらく村の人の半分は村の外へ出たことがない社会だった。それがハッピーだったというか、しょうがなかった。私が三〇歳のときに行ったオーストラリアもそうでした。西から東へ、東から西へと行ったことがない人が、老人では五割を超えていました。ほとんどの人があまり移動をしなかった時代です。今はめちゃくちゃ移動しますね。そうした人の移動が極端になったのが難民問題です。

これは東京より横浜のほうが典型的でしょうか。横浜は本当にソロ社会で、四割が単身世帯です。四割が単身というのは、つまり四割が家族を持たないわけですから、人間の社会としては異常と言うしかありません。史上初めてではないでしょうか。そういう意味でも、私は横浜に注目しています。人口が四〇〇万人いるんですよ。そんな街がドカンとあるのに、極端に言うと何の影響もない。そこには何か秘密があるはずです。

地域が生き返っていくのではないかということについてはかなり期待しています。ただ、人の数にしてみるとたかが知れている。島根や鳥取は五〇〜七〇万といった桁ですから、数から言うとないようなものです。横浜の一〇分の一になってしまう。かといって横浜がその一〇倍の影響力があるかと言われれば、そうではない。そこらへんが現代社会の不思議なところです。数ではないのです。

今は共同体のイメージがないので、新しくつくらないといけない。鎌倉の建長寺に虫塚をつくりましたが、そこに墓のない人を入れればよいのではないかと思っています。そうやって死んだほうから始めてみるわけです。今は家族の墓がなくなっていて「〇〇家の墓」というのがどんどん消えています。そうなるよりは、虫穴墓みたいなかたちで、趣味で集まるようなものにするということです。老人ホームも「どんな人でもいい」と入れているけれど、若い人も含めたコミュニティに変わっていってもいいのです。横浜は試みにやっているみたいですね。あまりに単身が多いので、そういったことが出てくるのでしょう。そういうところから新しい芽が出てくるかもしれないと思っています。こういうことは無理をしても絶対にダメですからね。ひとりでにできていく、というしかないですね。例えば自殺願望のある人ばっかり集まって元気にやっているというところができてもいい。北海道の浦河町には、統合失調症の人たちが集まった「べてるの家」の実践がすでにあります。幻聴について普通の人に話すと「頭おかしいんじゃない？」と言われてしまうけれど、幻聴がある人だけが集まると、言いたいことが言えていいみたいです。そこでは幻聴があって当たり前ですからね。そうやっていろいろ常識を変えなければいけません。

だいたい地方の都市は昼間誰も歩いていません。日本とは思えない。東京がちょっと冗談みたいです。最近は京都・鎌倉への観光客がすごいですね。世界中の人がいかに暇になったかと思います（笑）。一昨年、デービッド・アトキンソンが『新・観光立国論』で指摘していましたが、日本は観光収入が非常に低い。世界平均が一〇パーセントくらいになっているのに、日本は四パーセントいっていませんでした。しかし、ここのところ急激に伸びているのではないでしょうか。

——二〇二〇年の東京オリンピックに向けて、国も観光政策に力を入れているようです。

オリンピックを口実にしているだけで、それ以前から増え続けていますよ。オリンピックなんてギャグですよ。あんなところに行かないほうがいいよ、という話になりかねません。だいたい夏の真っ只中にマラソンなんかやってどうするんですか。大勢お客さんが入るから、競技場全体を冷やさなくてはいけません。一番の問題は換気と冷暖房です。つまり、近代社会の施設は維持コストが馬鹿にならないという話です。例えば空港には金属探知機や人員をたくさん張りつけている。その点、エジプトなんかは面白いです。ホテルや商店街の入り口には金属探知機を置いているのですが、みんなチンチン鳴っているのに普通に通ってて、誰も引き止めたりしない（笑）。ただ「置いてあります」というだけ。結局サボタージュなんですね。あんなところで見張っているのも見張られるのも嫌なんでしょうね。その点日本は律儀な社会です。それが裏返って気持ち悪いことになるのです。自分が我慢してやっている人は他人にも我慢させる。それが怖いんです。戦争中ずっとそうでした。私はあの雰囲気が大嫌いです。この強制が日本の場合、一番キツいですね。嫌な社会になります。

零れ落ちたものへの眼差し

――『唯脳論』、あるいはそれ以前から一貫している養老さんの態度は、都市や社会といった大文字の制度が構築されるときに排除されてしまうもの、なかったことにされてしまうものへの眼差しにあるような気がしています。それから、そうしてできあがった制度の維持が第一に優先されてくるとき、それぞれの人間が強いられる抑圧への抵抗感、と言えるでしょうか。

戦中から戦後にかけて私は小学校二年生の子どもでしたが、その頃の経験はこの社会を理解するのに相当役に立っています。そこは全然変わらないと思います。例えば丸山眞男の非常に印象に残っている一節があります。「学者というのは現実から物事を掬い取って変えていくので、そのときに自分の指の間から零れた無限の事実について、哀惜の念を持たなければならない」と。漏斗したときにいろいろなものが落ちてしまう。「感性」と言われる感覚もそうです。落としていったピュアなものを措いて、それ以外のものでつくり上げていくので、どうしたっておかしくなってしまう。それを全部拾っているわけにはいかないからそれはよいのですが、丸山眞男の言う通りで、「こぼしたんだよ」という意識だけは持っていてほしいのです。でもシステムがきちんとできてしまうとそれが当たり前になってしまいますから、その感覚がなくなってしまうのです。

私が八〇年生きてきて、その間になくなったものは確かにあります。例えば子どもの遊び場がそうです。もう「子どもの遊び場」という表現がなくなりました。なくなり始めた頃には異議申し立てが絶えずあったのですが、「子どもの遊び場がなくなる」なんて今は言いません。なくて当たり前になりました。子どもが子どもとして生きる権利は完全に奪われましたね。

現在の都市化はそうしたことをほとんど無視するかたちで進んでいきます。建物もそうだと思います。とにかく出来立てが一番綺麗でピカピカで、経済学で言う減価償却がそのままものの考え方になってしまっているのではないでしょうか。誰かが言っていましたが、国や公共でつくった橋には減価償却がないらしいです。そのときだけの予算で考えるのです。古くなった国の建物を取り壊して新築するのはその年度内の話であって、他年度には一切無関係なんです。会社の論理とは全然違っています。つまり、今お金をかけても、実は長い目で見ればみんなが使えるからある意味儲かるわけですが、単年度で考えるので、その年の予算が膨張するからダメという話になる。いろいろな意味で考え方が単年度になっています。国や公共は相当考え方を変えなければいけないのではないかと思いました。

前から主張しているのは、参議院は三〇年から五〇年より手前のことを考えてはいけないという議会にしたらどうかということです。そして「五〇年後にはこうならないといけないから今はこうしてくれ」というかたちで、参議院が決めてきたことは優先する。かつてそれをやっていたのが貴族院です。貴族は世襲ですから、見る目が長いのです。ただし現在のことにはあまり関わりのないようにする。それでないと手前勝手な利益を追求するからです。衆議院と参議院はダブっていて馬鹿らしいです。もともと参議院は良識の府だったのですから。それをもうちょっと具体的にして、今なら三〇年がよいのではないでしょうか。何しろ「失われた二〇年」がうっかりすると三〇年になりますから。

三〇年という桁だとすぐに考えることがいくつもあります。自然環境の問題、特にエネルギー問題はそうです。今原油高に振っているのはサウジアラビアの都合だと言われていますが、原油は政策的に安く抑えられているのだと思います。なぜかというと、原油価格を上げると不景気になるからです。これはオイルショックでよくわかっています。ＯＰＥＣが始まったのがそもそもそうですから。

人口問題も待ったなしです。今いる人が人口を決めてしまうともうわかっているわけですから。だから長期的に見ないといけない。どこで収めるのが適当かというのもそろそろ考えたほうがいいと思います。二〇五〇年の段階で日本の人口は七〇〇〇万人くらいが適正だと言われています。団塊の世代がすべて死んでしまったと考えると、この国はガラガラになります。そうすると、要らないものがいっぱい出てくるはずです。地方は家がめちゃくちゃ空いていますからね。

日本は移民大国になりつつあります。数だけで言うと、日本に来る移民の数は世界四位か五位です。日本人は気がついていないでしょう。それから隣の問題も焦眉です。中国人が土地を買っているという話も、実態がよくわからない。いずれにしても、これだけグローバリズムが問題になってきているのだから、グローバリズムとナショナリズムの調整などを考える部署があってもいいはずで、参議院をそういう場所にしたらいいと思っています。もうバラバラの専門家に聞けばいいという時代ではないのですから。

開けるところ、閉めるところ

――グローバリゼーションへのカウンターとしての保護主義も、養老さんがご指摘されたように行き詰まっているように感じますが、経済をはじめとした私たちの活動はどこに落としどころを求めるべきか考えざるをえない状況になっています。

そもそも「落としどころ」という考え方自体がまずいのだと思います。落としどころだと閉じてしまいますから、どこかがオープンでないといけないのです。ではどこを開けておけばよいのかということですが、それが「右肩上がり」に相当する部分です。今までは経済は自由だということで開放していましたが、それが自由では絶対うまくいかないところに来ています。では縛ればよいかというとそうもいかないので、一体われわれが開けなきゃいけない部分はどこで、閉めておくべき部分はどこかという仕分けの問題が出てきます。これは厄介な問題です。

自然科学の分野で一番具体的な例はヒトの遺伝子のいじり方です。これは自己言及まで含んでしまっていて、考えている本人が変わってしまうので根本的には論理では絶対に掴めません。私たちの場合は全体を包含するように仏教的に考えますが、アメリカ人は昔から超人主義で考えますね。超人主義は特定の能力を伸ばす能力主義に向かいますが、何かだけできればいいという話ではないわけです。これはあまり表には出ないけれど、アメリカと日本のはっきりとした対立点ではないでしょうか。

ヒトの遺伝子を変更することは、ヨーロッパではだいたい禁止されています。アメリカは規制はしていますが禁止はしていません。日本もアメリカに準じています。いくつもの国が法制化していないので、こういう問題は技術が進んだときに怖いです。なぜかというと、規制がないところで実行する連中が必ずいるからです。遺伝子の場合はひとりでに拡散してしまうので、どこで増えてしまうかわかりません。しかも利己的遺伝子の問題もあります。つまり、自分自身の生存のために他の遺伝子のことは構わないというタイプの遺伝子が入ると、論理的には広がる可能性が高いのです。遺伝子ですべてが決まるわけではありませんが、技術そのものはどんどん進みます。そこには絶対にブロックをかけられません。

人間はできることはやるという悪い癖があります。人間は考えたことを実現します。カメラは二〇〇年かかりましたがつくりました。それが人間となると厄介です。フランケンシュタインが出てきた時代に戻るのです。ただ、いずれそういう時代になるでしょうね。遺伝子操作もうっかりするとＤＩＹになるという説もあります。つまり技術的には自分で操作できるくらい簡単になってくるというわけです。ゲノム解析も以前に比べれば相当楽になっています。昔は大変でしたが、今では会社が一回何万円とかでやっていますからね。未来を語るなら、そのへんが一番気になるところです。

ヒトが自分を変えていくということを始めた瞬間に、今までのものの考え方では収拾がつかなくなります。多くの先進国では法律的には閉めていますが、つくってしまったらどうしようもありません。コンピュータが人間の一部を代替するという話もありますが、置き換えられないようなヒトをつくろうという話にならないとは言えません。考え出したらキリがありません。ヒトそのものをいじると固定点がなくなってしまいます。「人間とは何か」ということが揺らいでしまいますから、哲学者は一番困るのではないでしょうか。ヒトも〇歳から今の状態まで、どれが自分なんだという意味では固定していませんが、こうした四次元的なものを変えてしまおうというのだから、もう何が何だかわかりません。

iPS細胞も、個体だけを伸ばすことを考えています。あの技術もそのまま遺伝子操作などに使えますので、今のところ倫理問題になっていないというだけで、絶対に引っかかってきます。例えば、高橋政代さんの網膜色素細胞の移植は根本的には上手くいっていません。あそこまで分化したものは生体では再生しないだろうということはだいたい予測できます。色素細胞に視細胞の一部が突っ込んでいるような構造をしているのですが、それが壊れてしまっているので、色素細胞が残っていてそこに視細胞の突起が上手にはまるような構造ができるかというと、イエスという自信は持てない。生き物は工学の対象にはあまりなりませんから。遺伝子はいじれますが、細胞質は厄介でどうしようもありません。

かつてクローン羊のドリーをつくった研究者の言い分では、一〇〇〇回目で成功したということでした。つまりそれまでに九九九回失敗しているわけです。それぞれのケースがなぜ失敗したのかわからない。発生工学の面白いところは、結果できれば「できた」ということになりますが、失敗したケースについてははっきり言えば一切わからない状態になっていることです。それは科学ではなく、「下手な鉄砲数撃ちゃ当たる」みたいなものです。実験室は成功の確率を上げていくので、一種の技術です。細胞そのものは複雑すぎて読めないのですから。

だからSTAP細胞の発表内容を後で読んである意味面白かったです。適当な刺激を加えて細胞の記憶を消去して初期状態に戻すという内容でしたが、私が記者だったら「コンピュータと間違えてませんか？」と言います。そもそも細胞には初期状態はないのですから、戻せません。とにかく生き物を甘く見てますよ。そういうことも煮詰まり状態です。

自然と社会をモニタリングする

——現在「人新世」というキーワードによって、人類の活動が地球そのものにネガティブな影響を与え、それが翻って人類の生存を危うくする可能性について、そしてそれを回避する方途について、文理を問わず議論が盛んになっています。また、人類がいなくなった後の世界がどのようであるかという思弁的な問いについても。

ヒトがいない世界というものを、私はものすごくリアルに考えています。例えば縄文時代や富士山ができる頃の日本列島の自然を見てみたいとずっと思っています。自然を見るとき、もしヒトの活動がなかったらこの場所はどうなっていたかというのは絶えず考えていることです。

それにしても虫を採るのも今ではすごく不自由になりました。本当は営業目的でなければ虫を採ってもいいとしてくれればいいのですが。ゴルフ場にしたり小屋をつくったりすることを規制してくれればいいわけで、研究用の昆虫採集まで規制する必要はありません。虫を採って売るやつは大量に採って環境を壊してしまうので評判が悪いのはわかるのですが。最近で一番酷かったのはソーラーパネルです。本来は環境のためのはずだったのに、ただでさえ空地がないのに草原にボコボコ置いてしまって……。ネレ・ノイハウスの『穢れた風』という推理小説は、ドイツの風力発電をめぐる犯罪を題材にしているのですが、エコの経済活動もＳＴＡＰ細胞みたいになってしまっています。やはり細かく地域を見て活かしていく方向を考えるのが一番健全ではないかと私は思います。

もう一方では、先端を監視しなくてはいけない。ヒトの遺伝子操作などはどこまでいくかわかったもんじゃないですから、監視だけはしていなくてはいけません。自然もヒトがやることも全部そうですが、モニタリングがやはり重要です。タクシーのドライブレコーダーによって、ひどい客がいることや犯罪が起きていることがわかるようになりました。自然のモニタリングもいろいろやってもらうとよいのですが。

もうちょっと具体的な関心を世界に持たないといけない時代になっているのではないでしょうか。メディアは物事を抽象化してしまいます。現代思想や哲学でも、その傾向が強くなってしまいがちです。「哲学者の把握している現実とは何だろう」というのが、私の若い頃からの疑問です。すごく狭いんじゃないかという気がしています。ひょっとすると、大学に勤めている人だと自分の家と大学しかないのではないでしょうか。それは世界としては狭すぎるのではないかと思います。デカルトが「世間という大きな書物を読むために外に出た」と書きましたが、やはりそれをやらなくてはいけないのではないでしょうか。

人文社会学科は要らないのではないかという話になったのは就職の問題からでしたが、根本にはその問題があるのではないでしょうか。足元から立ち上げていないから、どうも日本の人文学は上から目線という気がしてしょうがない。しかも下から上げる仕事を評価しない。これも疑問です。下から上げるのは当然限度がありますが、お互いに下から上げている同士だとわかります。例えばある地域の虫を調べるには何十年という年月がかかっています。実は容易じゃないんです。それがわかってくると地域の活動の評価ができるのですが、上から目線で見ている限りわかりません。それがわかっている人が中央にいればよいのですが。明治の人は社会構造そのものが比較的単純だったから簡単にできたのでしょう。今は複雑すぎますが、人文社会科学が考え直さなくてはいけないのではないかと前から思っています。人文社会科学が重要ではないということではなく、むしろ逆です。大事なことなのにやってないじゃないかということです。しかも、あまりにも常識的なことが一般化されていません。ここ二〇年の経済状況を経済の人がきちんと説明しなくてはいけません。本当は日銀や財務省がちゃんと理解していなければいけないのですが、そこらへんをちゃんとやってないのではないかと疑わざるをえなくなってきています。自分やシステムの利益で動いている人が多すぎるのではないでしょうか。そしてそれが当たり前になってしまっている。考えるのは自由なんだから、考えてくれればよいのですが。

日本の食卓の研究をしている岩村暢子さんの研究をいくつかの賞に推薦してみたのですが、ダメでしたね。結局、下から上げてきたものは人文社会科学系の偉い人の感覚に合わないのでしょう。岩村さんの研究は、普通の四〇代の主婦を対象に、食事をつくるモチベーションが低くなっているかどうかを調査するために、インスタントカメラを渡して朝食の写真だけ一週間撮ってもらうというものです。その前に「どういうつもりで朝食をつくっていますか」と聞き書きします。すると「伝統的な和食を大事にしています」と答える人が多い。確かに最初の二、三日はいろいろ頑張っていますが、最後はアンパンと牛乳で終わるといったようなことになります。そこから導かれる結論の一つが、日本の主婦の五〇パーセントは言っていることとやっていることが一八〇度違うというものです。

これはすごく重要な結論だと思います。なぜなら、言っていることとやっていることが一八〇度違う人たちというのは、世論調査をしても意味がないということになるからです。五〇パーセントの場合だけ特に意味がありません。つまり特異点なのです。例えば、「原発に反対ですか？　賛成ですか？」と聞いて、本音が全員賛成でも、五〇パーセントは反対と言う。なんといつも五分五分なのです。どういう結果が出てもその前提の下では結論は5：5です。八割賛成・二割反対でも、八割の半分は逆のことを言っているし、二割の半分も逆のことを言っているので、足すと五割なのです。

これってトリックみたいな話でしょう？　岩村さんのその文章を読まなかったら私は気づき

ませんでした。これが主婦に限らず旦那もそうだと想像すると、日本人はそういうものなんだという気がしてきます。日本人というのは面白くて、どうして五分五分にするようになるのだろうと考えると、「やってみなけりゃわからない」という考えが根本にあるからではないかと思いました。本音と建前というのはまさにこのことです。そうすると何を聞いても五分五分になるはずで、それが実際に数字で結果が出てしまった。特に政治問題のような意識的に答えるものは別ですが、日常の朝食の話なんていうのは、同じ意識的にしてもほとんど無責任じゃないですか。すると綺麗に半々になります。「伝統的な和食を大事にしています」と言っても、実際には全然違う献立なのです。

しかし、こういうことを言うと、人文社会科学系の学者先生はどう考えていいのかわからなくなってしまうのでしょうか。自分のストーリーに乗らないものは面倒臭くなってしまう。白紙で考えるということをすればもっとずっと面白くなると思うのですが。日本の社会は面白いはずです。世界から見れば変な社会ですから。どの社会にもそれぞれの特性があるというのはそれこそニヒリズムです。そんなことはわかりきっているのですから、じゃあどう違うんだよという話です。「五〇パーセントは本音を言う人です」となると、内閣府のやっている世論調査は全然意味がないということになります。原発問題もそうでしょう。一部に断固としてやらなくてはいけないと思っている強硬賛成派がいて、一部に被害を受けた一〇〇パーセント反対の人がいて、おそらくその間に五分五分の人がほとんどだということになるでしょう。

面倒くさい現実と向き合う

先ほども言いましたが、ヒトの将来について、身体も含めて心配しているのはやはり遺伝子操作です。これは動物ではかなり一般化してしまっています。このあいだヨコハマトリエンナーレで、ある学生が赤い糸を吐く蚕を遺伝子操作でつくったといって写真を見せてくれました。「運命の赤い糸」だそうです。クラゲの遺伝子を入れて体のどこかが光る生き物もつくられています。そうしたことが遊びの段階でできるようになってきています。人間だけ聖域にしていても長い目で見ると無理だろうと思います。技術に聖域なんてありませんから。人間はできることはやります。それが生殖細胞に影響が出る遺伝子操作までいくと問題です。

もう一つは遺伝子が自由に飛び回る可能性です。それをどういうウィルスが持っているか、いまだにわかっていませんから。そもそも我々の遺伝子の三〇～四〇パーセントはウィルス由来だと言われています。もちろん遺伝子を変えればすべてが変わるわけではなく、必ず環境とセットです。そこらへんも考えられていません。以前は病気の遺伝率ということも言われましたが、これは意味がありません。なぜなら環境を変えるとゼロになりうるからです。ガラクトースの分解酵素の欠損などが典型ですが、最近では子どもを小児科でチェックしてガラクトースが入っていないものを食べさせると、ある年齢になれば何を食べさせても問題なくなります。昔はそういう遺伝子を持っていると病気の遺伝率は何パーセントという話になりましたが、今は病気自体がなくなってゼロになりました。ガラクトースの場合は気がついて手を打ちましたが、気がつかない遺伝子もいっぱいあって、それに対して社会環境がどう影響しているかは社会によって全然違うはずですから、遺伝率で計算してもあまり意味がないのです。意味がないというのは、どう変わるかわからない、影響が固定していない、ということです。遺伝子の効果も状況依存です。

私が現役だった頃に、マウスの純系だけをかけ合わせるという実験がありましたが、これが意外と面白いのです。例えば、乳がん好発系と乳がんがまったく出ない毛色が違うマウスをかけ合わせていって、乳がんがまったく出ないタイプの外見に似た子どもで乳がんが出るマウスを選択し、交配をずっと続けていく。すると、乳がんがまったく出ない外見のマウスの最終的ながん発生率は一〇〇パーセントまでいかないのです。それは他の遺伝子の効果です。乳がんをつくる遺伝子に他の遺伝子が干渉するので、いくら乳がん遺伝子を放り込んでも一〇〇パーセントは発症しません。しかも一〇〇パーセント発症しない場合に効いている遺伝子は一つではないということがわかります。生き物とはそういうものです。しかしそういうふうに遺伝子を理解している人が少ない。ゼロか一かの世界でやる。そうしたコンピュータ思考に慣れてきてしまっているのは非常に問題です。

生き物は違うのです。虫の標本を見ていればわかります。「この虫の特徴はこれだ」と記述しても絶対に例外が出ますから。だから、持っている標本がたくさんあればあるほど、チェックしなくちゃいけない項目が増えていく。面倒くさいけどしょうがない。現実ってそういうものなのです。現実とは、調べているうちに一生が過ぎてしまうものなのです。現にそうなのだからしょうがない。それが面白いと思います。

世間の変化と意識の変化

II

何千もの幸運な偶然によって、あるいはお望みなら神の奇跡によってと言ってもいいが、とにかく生きて帰ったわたしたちは、みなそのことを知っている。わたしたちはためらわずに言うことができる。いい人は帰ってこなかった、と。

——ヴィクトール・フランクル
『夜と霧』池田香代子訳

昭和二〇年八月一五日のこと

私は昭和一二年生まれで、終戦の昭和二〇年八月一五日が小学校二年生です。教育そのものは実質的には戦後の教育で、小学校一年生だけが戦中の教育です。私が入った時の小学校は小学校と言わず、国民学校でございます。戦争中だけ国民学校という名前でした。

この私の同世代というのは、短い年度のずれがあるだけで、感覚がかなり違うと感じてまいりました。例えば、石原慎太郎さんはたぶん中学に入ったぎりぎりぐらいで終戦を迎えられたのでしょうが感覚はだいぶ違います。私から見て、戦前の人のように見えます。

私より一〇年下が団塊の世代で、私が東京大学の医学部の助手になって二年目に、例の安田講堂の事件が起こりました。大学紛争の中心になったのが団塊の世代ですから、この人たちともかなり感覚が違います。

生きてくる間に、ずいぶんいろいろなことに関わったと思います。定年前の五七歳で大学を辞めた年に地下鉄サリン事件が起きました。生きている間に起こった社会的な大きな事件というのを考えますと、一つが終戦で、もう一つが、私にとっては大学紛争。最後がオウムです。

どれについても本がたくさん書かれていますが、結局どうしてそうなったのかよく分からないというのが結論です。

私はずっと医者にはならず、解剖をしておりました。ですから私が相手をしていた患者さんは全部手遅れで亡くなっていました。ときどき間違えて私に医療相談する人がありますが、「死んだら診てやる」と言っています。そういう目から見ますとやはりちょっと普通と違うかなという気はします。私の時代というのはちょっと特異な時代でした。

私は昭和二〇年八月一五日のことを非常によく覚えています。天気のいい日で、母の田舎に疎開していましたが、母の妹、つまり叔母が私にひとこと「日本は戦争に負けたらしいよ」と言いました。それは非常にショックでした。当時は無敵皇軍で一億玉砕、本土決戦、親が竹やり訓練や、バケツリレーをやっているのを目で見ていましたが、子どもでもあの焼夷弾の火がバケツリレーで消えるとは思っていません。一生懸命やっていましたが、それが一朝にしてひっくり返るという体験をしています。

今になって思うと、決して意識したわけではないのですが、言葉というものを信じないという感覚、傾向があったように思います。戦後、それこそ一億玉砕、本土決戦があっという間に、平和憲法、マッカーサー万歳になりましたが、これも一億玉砕と同じようなものだと思っていました。口には出さなくても腹の底ではそう思っておりました。

私は、医学部で解剖をやっていましたので、なぜ解剖をやったかということをよく聞かれます。医学部を出て解剖学をやる人は非常に少ないです。当たり前の話で、みんなが死んだ人ばかり見ていたのでは、医療は成り立ちません。私の学年は意外に基礎医学をやる人が多かった。これは例外的で一割の学生が基礎医学をやりました。私はこれも時代だろうと思っています。

医学部に入って私がいちばん好きで、安心してできた作業が解剖です。解剖の部屋で、実際に解剖していますと、自分の気持ちが非常に落ち着いているということに気がつきました。それは非常に変なことだとも考えました。

解剖は、ホルマリンで固定して、アルコールを入れて、変化しないよう、腐らないようにしてある遺体を教科書の手順通りに進めていきます。その日の分が終わったら、布で乾かないようにくるみ、そして家に帰り、また次の日に行って開けてみる。そうすると昨日私が終わったところ、やったところまできちんと終わっていて、いっさい変化がありません。夜の間に治ったという人は一人もいない。結局、気持ちが落ち着くというのはそこだということに最後に気がつきました。

目の前にあるものすべて私がやったことです。他の誰のせいでもない。それはすごく安心でした。つまり社会というものが非常に大きく変わって価値観があまりに変動したときに、子どもはどう思うかというと、何が信用できるだろうかということを暗黙のうちに探すのだと思うのです。言っていることはあてにならないということが嫌というほど分かったわけです。

ところが、亡くなった人を解剖していくと、これがあてになるのです。それは意識したわけではなく、やっている間、私は非常に気持ちが安定していたことに一〇年過ぎて気がついたような気がします。

そう考えたのは私だけかと思った瞬間に、それは違うと気がつきました。皆さんもご覧になったことがあるかもしれませんが、NHKのテレビで『プロジェクトX』というのがありました。私と同年か、前後の人たちが必死になって、トンネルを掘ったり、計算機を作ったりするのです。例えば、車を作るとします。車を作って、できた車が走らなかったら、自分が作ったのですから自分が悪いのです。社会が悪いとか、思想が悪いとか、そういうことはいっさい言えません。問題は自分です。自分がやったことが自分に返ってくる。しかも相手は物です。

私は臨床医としてインターンを一年やりましたから、病院で患者さんをいろいろ診ていましたけれど、生きている人はあてになりません。だいたい嘘をつきます。本人が痛いと言っても、本当に痛いのだろうかということをまず考えなければいけない。次の日になったら、もう状況が変わってしまいます。これは相当不安です。

ところが死んだ人ですとこれがないということは申し上げたとおりです。そうしますと、日本で戦後の物つくりが発展したのは、私みたいな感覚の持ち主が多かったからじゃないかというふうに気がつきました。

医学部ですと、それは基礎医学ないし解剖学になりますし、世間一般の仕事では物つくりということです。物は嘘をつきません。結果が悪ければ、それは全部自分のせいですから。マルクシズムに基づいてやらなかったからうまく車が走らないなどということはないのです。

　我々の世代だからかと考えたら、とんでもないとすぐ分かります。一〇〇年さかのぼりますと、同じ世代がいたはずだということに気がつきました。それは明治維新です。三〇〇年間かちっと社会を作ってきて、世間を作ってきたのが、ある日突然、ちょんまげをやめて、二本差しをやめて、市民平等で、そこから始めたのです。それをやった人たちで典型的なのは東京なら福沢諭吉でしょう。福沢諭吉とか大久保利通とか西郷隆盛とか、維新の歴史を読めば、そういう人が必ず出てまいります。

　維新と言うとそのように思いますが、私が思うのはそうではなく、維新を小学生ぐらい、つまり戦後の私くらいの年齢で通過した人たちはどう思っていたのかということです。それは戦後の我々に似ていたのではないか。おじいちゃん、おばあちゃん、ひいじいちゃん、ひいばあちゃんくらいの世代が必死で守っていた家柄などが画餅（がべい）に帰して何もなくなって全然違う価値観になっていく。その時に、その時代を子どもで過ごした人たちは、あてになるものはなんだろうと、どこかで思ったのではないか。その結果が誰になったかというと、医学系で言えば北里柴三郎、野口英世、志賀潔など。政治家では、後藤新平がたぶんそうだと思います。技術系で言えば、豊田佐吉もそうでしょう。

　明治の日本を近代国家に作り上げていった人たちは、そういうものを信じない人たちだったのではないか。

「意識」は解けない問題

意識というのは我々が注意を払うもので、二つの意味があります。社会的にごく一般的に、文化的に使われる意味での意識というのは、意識が高いとか低いとか、意識調査とか、意図的に注意してというようなことを意味していますが、もう一つはもちろん医学で使う意識です。

医学部に何十年もいて、私は一度も意識の講義というのを聞いたことがありません。これは実は驚くべきことです。意識はタブーでして、今でもそれに近いのではないかと思います。自然科学をやっているのは根本的には何かというと意識です。意識のない人が数学とか、自然科学をすることはありえないのです。法律ももちろんそうです。

科学は意識の産物です。意識を使わないと科学はできませんから、科学の根本になっているのは意識のはずです。長い間自然科学はそれをごまかしてまいりました。物理は客観的世界を相手にする、対象にするのであって客観的世界と呼んでいるのも意識ですから、意識の中でしかありえない。では意識はどのくらい頼りになるかというと、皆さんよくお分かりのように、昨日から今日の間、数時間意識がなかったはずです。しかも、その意識を自分でなくそうと思ってなくしたかというと、いつの間にかなくなり、いつの間にか戻ってまいりましたでしょう。意識を戻そうと思って戻しましたか？ ひとりでに戻りましたよね。目覚ましをかけておけば戻りますけれど、また、消して寝たりするのが普通です。

その意識って何かというと、実は自然科学はいまだに答えを持っておりません。電気のように目に見えなくて訳の分からないものはちゃんと定義ができて、マックスウェルの方程式で、そのふるまいを簡単に記述することはできますが、意識に関する方程式はございません。

調査しますと、日本のお医者さんの九割が医学は自然科学だと言っております。しかもインフォームドコンセントの時代ですから、丁寧に説明してくれると思います。皆さん方が、仮に初期のがんということで手術しなければならないということになると、手術しない場合、した場合は何パーセントと、丁寧に説明してくれると思います。

幸か不幸かそういう状況になった時に、皆さん医者にひとこと質問してみてください。「先生、手術する時に私に麻酔かけますよね」、「麻酔かけます」。「麻酔かけると意識なくなりますよね」、「なくなります」。「どうして麻酔薬を投与すると意識がなくなるのですか」と聞いてください。九割の医者が怒ると思います。それは経験的にやっているので、論理的にやっているからではありません。これまで手術した患者さん全部の意識が戻ったから。では戻らなかったらどうするのか。医者に都合の良い言葉が昔はあって、それを特異体質と言っていました。どうしても特異体質は必要であります。

それをなぜ言わないことになっているか、世間では前提を問うということはだいたいにおいて禁句なのです。今日のこの会もそうで、なぜこういう会をするのか、ということをたいていの方は訊かないと思います。必要なのか、必要でないのか、やっている本人もよく分からないというのが普通。私が言っているのは、意識がすべてを捉えているわけではないということです。すべての前提になっている意識というものを問おうとすると、必ず、ブロックされてしまいます。これは実際に答えが出ないので仕方がないのです。

しかも意識とはなんだというふうに考えるのが意識ですから、これはもう哲学的には昔から解けない問題を中に含んでいるということが分かっております。

これは自己研究の矛盾といって、自分のことを自分で言うと論理的におかしくなる。これをよく知っておられて、関心を持っておられたのが、もう亡くなられた文化庁長官をなさった河合隼雄先生ですね。

河合さんの本職は臨床心理ですから、大学の先生なんかときどきまじめな顔で相談するのです。そういう時に河合先生が言うことを私は知っています。河合先生は最初にひとこと何とおっしゃるかというと、「私は嘘しか申しません」と言うのです。

あの方は小泉内閣のときに文化庁長官をなさり、小泉さんに挨拶に行って、やっぱり最初の第一声が「私は嘘しか申しません」だったと同行した官僚が言っておりました。

「私は嘘しか申しません」って言っているから、それは本当かと思うと、嘘しか言わないのだから嘘だろう。しかしそれが嘘だと、それは本当のことだということ、何がなんだかわからなくなるのです。それは実は解けてないのです。

医学的に意識を説明できるのですが、これは非常に厄介なものでみんなが隠しているから、私はそこに関心があるのです。物理なんかいちばんひどいもので、物理の論文で唯一違和感があるのは、論文に著者の名前が書いてあることです。著者の名前が書いてありますと、これは再現性がありません。物理は再現性ということを重視しますから、どこの実験室でもいつでも同じことが繰り返しできなければいけないのです。著者の名前が書いてありますと、それができません。物理の論文から著者の名前を抜けというのが私の主張です。本当の客観性というのは著者がなくても成り立たなければいけないのです。

昨日と今日では、一日歳を取ってしまいます。これを昔から諸行無常と言っています。私が生きてきた間に、確かにいろんなことが変わってきました。その中で、いくつかのことを申し上げたいと思いますが、意識の正体は不明であるというのはよいとして、まず、意識と非常に深い関係にある、自分ですね。デカルトが典型ですが、「我思う、ゆえに、我あり」って。「我思う」というのは意識がないとできません。だから意識が存在するということを言っているとも取れるわけです。

戦前戦後の「自分探し」

自分とは何かということが戦後の考え方の中で、非常に変わってきたような気がします。というのは戦前ですと、赤紙一枚、一銭五厘赤紙一枚と言っておりましたけれど、徴兵で一家の働き手をすとーんと持っていかれても文句も言えないという世界でした。戦後それが全く逆転して、個人というものを立て個性を伸ばせと言う。私はそういうふうに直接聞いたかどうか覚えがないのですが、こういうのをメタメッセージと言うのです。自分の個性をちゃんとはっきりさせなさいという、暗黙のうちにそういう教育をずっと受けてきているような気がします。

そういう教育を受けてきた若い人が、自分とは何だろうというのをときどきまじめに考えるでしょう。ある時期になるとこれが全然分からないということに気がついた人たちがなんと言い出したかというと、「自分探し」とか言い出した。

私は東京大学を辞めて、五〇代の最後から六〇代の初めくらいは、北里大学で四〇〇人の理科系の学生に一般教育的な話をしました。学生が話しているのを聞いていると、ときどき自分探しとか言っています。当時流行ってまして「おまえ今、自分探しって言ったな。じゃあ探しているおまえは誰なんだ」とまず聞くわけです。そうすると、そういう意味じゃないのです。

あるとき、会津に行きましたら、教育委員をやっている造り酒屋の親父さんがいまして、お酒を飲みながら私に文句を言う。先日、四月から義務教育の小学校・中学校の新任の教師先生になった人に会ってきた。自分は素人でなんにも分からないから一言だけ質問した。「どうして教師になったのだ」と。すると、二〇人のうち三人が「自分探しです」って答えた、と怒っていました。「自分探しで教師をやるならすぐ辞めろ」と言っていました。古い感覚だと分からないんですね。

自分というものが、社会的に、公のものとして認められるようになってきた。これは官許と言うのですが、自分という言葉はいまや官許ですね。環境省というのは立派な役所になっていますから、これは官許ですね。ということは、環境という言葉は公に許した言葉ですから、小学校の教育にも入ってまいりました。ところが環境というものの定義をよく考えてみると、自分を取り巻くものです。ですから、自分がないと環境がありません。環境と自分は対です。

私は、若い学生さんを連れて田舎に行き「あの田んぼは将来のおまえだろう」と言うと、全く通じません。田んぼに稲が育って米ができ、その米を食べるとエネルギーになるだけではなくて、自分の体の一部になります。ということは、田んぼの成分や、空気の成分がそのまま自分になりますから、田んぼは当然自分と地続きです。それは昔から当たり前の話で、田んぼと自分はつながっているよという話ですね。

法医学で言うなら、その人が溺れて死んだかどうかは、切りだした肺を水につけてみればすぐ分かります。肺の出入り口を縛って水の中に放り込んで浮くなら空気が入っているから溺れたわけではないと。沈んだら、水が入っているのだから溺れたと。ということは、皆さん方の肺の中には空気が必ず入っていなければいけないのです。ではその空気は自分ですか。自分ではないと言うでしょう。

アームストロング船長が月に降りた時に、宇宙服を着ています。あれ、宇宙服を着ないでいきなり降りたらどうなるか。空気がないからあっという間に死んでしまいます。皆さん方の肺の中の空気というのは、皆さん方でしょうか、それとも違う環境でしょうか。

実は、言葉はそういう性質を持っていまして、物事をシャープに切るのです。意識の中でそれは切れるのです。しかし実態の中では切れません。私は解剖をやっていたからよく分かっているつもりですが、解剖というのは実は人体を言葉に変換する作業です。人体のありとあらゆる部分を、さらに細かく分けて、顕微鏡で見たものをすべて言葉に変えていくのです。

ところが、人の体は一続きのもので、どこから頭でどこから首かという定義があるわけではありません。消化管は口から始まって肛門まで一つの管ですが、人間はそれを例えば、入り口のところを口腔、次は食道で、その次を胃と言います。食道と胃の境はどこかと論文を探したらたくさんあります。それは人間がそこに仕切りを入れたから、当然仕切りがあるはずだと思って探しますが、よく見るとないのです。具体的には無限に細分化されていくのです。言葉はものを切りますが、実態は別に切れないのです。言葉の性質なのです。だから我々の意識は、ものを切る、自分と環境を切るのですが、実は切れません。

そこで何が起こったかというと、自分というものが環境と対であるため、環境省というものが公になれば、自分というものが当然公になるでしょう。そういうことは直接には当然環境省の看板には書いてありませんし、自分と関係あると誰も思ってない。それは自然に人の考えに影響を与えていることです。

私は、昭和一二年一一月一一日生まれで、実はその誕生日の新聞のコピーを、学生が誕生日のお祝いとして私にくれたことがあります。昭和一二年一一月一一日の新聞というのは、現在の新聞のあの大きさの裏表のみで、二ページです。それを丁寧に読んで一つだけ発見して驚いたことがあります。

あの年は支那事変が始まった年です。支那事変と言っても若い人は分からないと思いますが、中国で戦争が始まった年です。大動員がかかっておりまして、若い兵隊さんが大陸にだいぶ送られましたので、実は昭和一一年と一三年に比べて、人口統計で見て一二年は子どもの数がちょっと少ないのです。その日の新聞を読みますと、たくさんの記事が載っていますが、実はそこにないものが山のようにあるのです。火事がない、強盗がない、殺人がない。では何が書いてあるのか。中国における戦闘の状況だけなのです。徐州の何々村でどういう戦闘、うんぬんばかりです。つまり裏表しかない新聞のすべての記事が、戦争戦闘の記事で埋まっておりました。

私がなるほどと思ったのは、戦前の軍国主義であります。戦前の日本軍国主義という言葉にイデオロギーがあったか、そんなものはないと思います。存在していたのは何かというと、新聞のすべての紙面を戦闘の記事で埋めることによって、読者が受けているメッセージは、そのとき中国で行われている戦闘以上に重要なものはないというメタメッセージです。

現代社会で良く情報過多という言葉が使われるのですが、私は情報過多ではないだろうと思います。メタメッセージの過剰であろうと思っています。様々なメッセージから人々がいろんなことを受け取って考えますが、それが混乱を招いているというふうに考えたらよろしいと、私は思っています。その中には今申し上げたように、新聞の記事に何を書かないかということすら含まれております。記事そのものについて、つまり内容については考えるかもしれません。しかし、その記事がなぜ載っているかとか、あるいは省かれた記事があるはずであるが、それが果たしてどういうものであったか、ということまではなかなか考えない。

こういう暗黙の自分に対する官許のようなことが起こりまして、たぶん、皆さんも苦労されていると思いますが、暗黙のうちに自分というものが大切なものというメッセージが届いていきます。じゃあ戦前はどうであったかというと、全く逆でありました。お国のためで、それこそ赤紙一枚だった。

そうすると、その世界と現代社会は、私が見ておりますと、ちょうどひっくり返ったという感じがします。ひっくり返るのは決して穏当ではありません。つまりあっちが正しければ、こっちが間違いというものではない。世の中だいたいそういうもので、真ん中で収まる。そういうことを最近、私は考えるようになりまして、私自身も特に研究者をやっておりましたから、研究者は個性的、独創的でないといけない、という暗黙の要請があるのです。若いときには私にとって非常に大きなプレッシャーでした。つまり独創的とはどういうことかと。

私は実は医師免許をもらってから一年間、医者として精神病院に行っていたことがあります。

そこで人の考えないことをやる人をいっぱい見てきました。独創的ってああいうことかと。アインシュタインの業績は独創的といいますけど、実はアインシュタインの論文を多くの人が理解したから偉い。理解したってことは自分でも考える余地があったということです。思いつく余地があったということです。脳の機能というのは共通にならない限り、意味がありません。私だけが持っている考えというのは意味がないのです。私しか分からないこと、それを個性と一体どう折り合わせるのかということを結構悩みました。

死んだ自分は解剖できない

そんなことを悩んでいるうちにだんだんと歳を取ってしまいました。私も後期高齢者ですから、すぐ死ぬと考えます。今日も考えました。来る途中で、交通事故で俺が死んだらどうなるかと。そしてすぐ分かるのは、私は全然困らないということです。誰が困るかというと主催者が困るのです。こんなに大勢人を呼んで、あいつ来ないよって話になって。

実はこれ「一人称の死」と専門家が言うのですが、私は解剖をやりますから、解剖する時にしみじみ自分の解剖はできないと思いました。まあ手足二本ずつありますから一本は使えるということは考えたことありますけど、あとが不自由ですからやりません。私は実際に皮膚なんか自分のを剃刀で削って実験に使いました。痕（あと）は残りましたが、もう完全に治しました。

　自分が死ぬというのは実は意味がないのです。死んだあと自分で自分を解剖できないのですから。これは、うっかり若い人に言えません。今の若い人に自分が死んだって関係ないなどということを教えようものなら、若い人たちは何をするか分からない。だから北里大学でこういう話をするときには注意しました。何を注意したかというと、まず人は変わっていくことを教えました。考えはどんどん変わるということを教えたのですが、そのときに注意をしないといけない。人間はどんどん変わっていく。特に死ぬとか、そういうことを言うと、何をするか分からない。人はどんどん変わっていくということを納得すると、昨日金借りたのは俺じゃねえ、とか言い出すに違いないのだから。

　このことは人というものに対してある種の洞察を与えてくれるのです。つまり社会的な自己、社会的な自分というのは、自分の都合で、勝手に変えてはいけない。だから、借用書があるのです。言葉は変わらないという性質を持っていますので、これは非常に良いのです。一〇〇万円借りましたと書いたら、デフレだろうがインフレだろうが絶対に変わらないのです。それが情報の特徴です。

　以前は、多くの方が、情報というのは日替わりだと思っていましたが、情報ぐらいカチンと固まっているものはありません。インターネットを一年間塩漬けにして誰も何もいじらないで置いておいて、一年経って開けたら、お酒と同じで味が良くなっているか、そういうことはない。入ったものしか入ってない。実は情報というのは死んでいるのです。情報にこだわる人は完全に過去にこだわっている人です。意識というのは、そういう止まっているものしか扱えないという、たちの悪い性質があるのです。自分というものをどう位置づけるかということが、戦前と戦後、あるいは私が生きている間に非常に変わってきた。

社会的な自己は変えられないけれども、実態としての自分はどんどんどんどん変わっていく。死というのは何かと考えますと、私が死んでも私は困らないということから逆に考えて、死なれたら私が困る人は誰だろうと考えますと、まず女房が思い浮かびます。また、子どもに死なれると悲しい。ところがそれでは関係ない人はどうかというと、ただ今この瞬間でも世界中で何人死んでいるか分からないでしょう。一分間に数人死んでいます。そういう人が死のうが生きようが、皆さん完全に関係ないでしょう。知ったことかと思っていると思うのです。つまりそれが赤の他人ということ。

死は一人称、二人称、三人称と専門家は言うのですが、赤の他人は三人称の死ですね。これは知識にしかなりません。関係がないのです。一人称の死はこれも関係ないのです。自分が死んだら自分はいないのですから。死というのは実は二人称しかない。

なぜそんな話をしているかというと、それをひっくり返すと、生きているということは二人称で、なんと世のため人のためだという、極めて簡単な結論が出る。

他人の役に立つということ

私はひとりが大好きで、昨日はちょっと東京に来ておりましたが、その前の三日間は箱根で虫の標本のカビを拭いていました。これは自分のためです。誰の役にも立ちません。お金にもなりません。そういうのは、自分のためかもしれませんけど、基本的には、人は人のために生きています。

それを戦後は言わなくなりました。自分が何かできなければ人の役には立てません。昔の人はそれを一人前と言ったわけで、一応一人前のことができなければ、他人の役には立てないのだけれども、元来、人生人のためだよと一言でくくってしまっても良いようなものです。それを私は本で教わっていました。

一九九〇年代に亡くなったヴィクトール・フランクルという医者がおりました。ユダヤ人だったので、ナチの強制収容所を四箇所か五箇所通って生き延びた人です。ご両親は当然収容所で亡くなり、奥さんも妹さんも収容所で死に、戦争が終わったときは一人です。その方が幾つか書いた本の中で、いちばん有名なのが『夜と霧』という、ちょうどアウシュビッツに相当する収容所の話です。

このあいだ、その本をもう一度手に入れたくて、本棚のどこかにあるのですが、探すのが面倒くさいので、ネットで買おうと思って見ておりましたら、ちょっと驚いたのですが、最近のネットはちゃんと読書感想が出ているんですね。何気なくそれを読んでいましたら若い人だと思いますが、この本は何が書いてあるのかさっぱり分からないという評価がありました。収容所の中での自分の生活を淡々と書いているのに、それが分からないというのはどういう意味だろうと、今度はそれが分からなくて、私は関心を持って探究を始めたのですが、ユダヤ人という理由で収容所に入れられて、日によってですが一〇〇人パッと行列させられて、その一〇〇人をそのままガス室に直行させて殺す。そのようなシステムの中で生きていることというのは、今の若い人には全く理解ができないのだろうなと思いました。

その人が本の中でひとこと言っていることがあります。「人生の意味は自分の中にはない」という言葉です。若いうちにそれを読んで、必ずしもピンと来てなかった。ですがそれだけの状況を通り抜けて生き延びた人だと、「人生の意味は自分の中にはない」と言った重さは非常に感じます。実際に自分が死んだらと考えるとすぐ分かりますけれど、そのとき私は全然困らない。私が困るのではなくて、女房が困るだけですね。

そういうことを実は公にはほとんど教わってこなかった気がします。それは戦争を考えるとよく分かります。あそこまでお国のためということで人を動員したのですから、あれは具合悪かったので戦後はひっくり返るというのも無理はないんですが、右が間違っているから左にしようって、それが正しいかというと、どうもそうではないらしい、ということに気がつきました。

これはずいぶん大きな変化だなという気がします。それが自分というものの取扱いです。これは当たり前で、半分自分で半分世のため人のため、自分が立たなきゃ世のため人のためにはなりません。そうかといって、自分の人生は自分のためかといったらとんでもないことで、ロビンソン・クルーソーは生きていて何がおもしろいのかという話です。そんな当たり前のことを若い人は今教わっているのかな、ということがちょっと気になります。

動物の世界地図

自分という意識は、私は動物全部にあると思っています。なぜかといいますと、これがないと困るのですね。皆さん方、これからお宅に帰りますよね。なぜ帰れるのですか。そんなの当たり前だと言うでしょう。犬や猫は、遠くへ車で運ばれて、時々困っていますね。なんとか帰って来ますが、あれができるかできないかは、実は皆さん方の脳の中にナビがあるかないかなのです。ナビがあるから帰れるのです。それだけのことです。

人間のナビはかなり高級で、自分の家と日比谷公会堂の関係は分からないけど、知り合いの車に乗っけて来てもらったという人もいるかもしれないので、そういう人は帰りはその車に乗っけてもらえば帰れるでしょう。それもナビに一応入っているわけですね。

だけど、日常的に動物が行動するときに、動物は自分なりの世界地図を持っています。その中に当然ですが絶対に必要なものがあるんです。ナビの地図です。この中に絶対入ってなければいけないものは、現在位置を示す矢印です。

若いころに、田舎に虫採りに行って村役場の前でバスを降りました。当時の村でもちゃんと村の絵図がありました。その絵図を見て、ああ、あそこに山があって、役場がここだなと。それは良いのですが、昔の絵図ではしばしばこの地図の現在位置の表示がなかったのです。そうすると、村の地理には詳しくなるのですが、どっちへ行っていいか分からないのです。

だから、生物学的にいうと、皆さん方は自己というのを持っているのは当たり前で、元来これはナビの矢印なんです。ナビの矢印ですから一応場所を取っているわけです。おもしろいことに、人はこの矢印に暗黙のうちにプラスの価値を置いています。

例えば、パスカルは、人間が自分をひいきする、自分を大切にする、それが諸悪の根源だと言っているんですね。子どもはどういう質問をするかというと、「口の中にあるときに唾は汚くないのに、一旦外へ出すとどうして汚いの？」と聞くのです。私が病院で皆さん方に「検査をするのでちょっと唾を吐いてください」と滅菌済みの埃ひとつ落ちてないシャーレに唾を出していただいて、「しばらくして検査が終わりますから、もう一回飲んでください」って言ったらどうします？ どうして嫌なのでしょうか。

私の意見では、口の中にあるときは自分ですからえこひいきしているのですが、意識はそれをいったん自分の外に出たと意識した瞬間から、ひいきした分をマイナスにするんだと思います。だから、それを気持ち悪いと思う感情が強い人ほど、生物学的には自分をえこひいきしている人です。これが典型的に社会的に広がったのが水洗トイレですね。私は戦後日常生活でもっとも日本が変化したことがあるとすれば、水洗のトイレだと思います。

いま、皆さん方、お腹の中に実は持っています。ただ、それが外へ出た瞬間に、こんな汚いものは触りたくもない、水に流す。では、自分自身を汚いと思います？　思ってないでしょう。これは明らかに公平を欠いていますから、出た瞬間にひいきした分をマイナスするということで、一応帳尻を合わせているのだろうと思います。

私が若い人に教えるときに、「自分って何だ？」って言われたら、「ナビの矢印だよ」って言っています。脳味噌の中で、場所がもう分かっているのです。では、脳味噌が壊れたらどうなるか。

なんと、三〇代の女性の神経解剖学の先生で、本を書いている人がいます。本人に動脈瘤があって、脳出血を起こしたのです。自分が脳出血を起こしたってプロですから分かりますので、これは症状を是非とも覚えていなければと、一生懸命覚えようとしたと書いています。そのあと治って、「ここが壊れると自分が水になっていくような感じがする」と書いていました。今、皆さん、その場で水になってみてください。形がなくなって、じわっと広がっていきます。どんどん広がってどうなるか。最後に矢印が消えますから地図と自分が一致します。これが宗教体験によくある宇宙ないし、世界との同一感です。そうすると、全世界がえこひいきの対象になるので非常に気持ちが良い。だから宗教体験なのですね。薬でこういうことを引き起こすこともできますし、宗教体験でも、断食していろんな修業をすることで、こういう境地に達することもあります。これは日常の生活では使えません。なぜなら、矢印がないナビですから。ナビがあっても当人が動きません。世界全体が自分ですから、動く必要がそもそもありません。そういう人は必ずじっとしています。それでは役に立たないから、矢印はあったほうが良いのです。

まあおもしろいことに欧米の文明は、ご存じのように自分というものを立てる。特にアメリカはそうで、ナビの矢印に基づいて世界を構築しているのですね。それだって別にそれほどの齟齬(そご)は起きません。当たり前の話で、原則をどっちに取ろうが、具合の悪い点を修正していけば良いのですから。アメリカの法律的なルールは日本から考えるとやたら厳しいですね。法律は解釈とか、わけの分からないことは言いません。相当厳しく杓子(しゃくし)定規に官僚主義になってきます。矢印のほうから世界を作っていけば、それは、ある意味で当たり前だろうと私は思います。

日本はこういう矢印をできるだけ他のところにやる。影響を与えないように作っていきます。かつては家というクッションを置いて、矢印をその中に閉じ込めました。家制度ってなかなかおもしろい知恵だったと私は思う。ただ、実際にはいろいろ具合の悪いことも多かったので、もう家なんていうことを言う人はほとんどいないですね。

　この間、私は驚いたのですが、横浜市は四割が単身所帯だというんです。四割単身所帯というのはおそらく日本の歴史始まって以来ではないか。初期の江戸がそうだったかなという気もしますが。つまり我々はばらばらに暮らすような生活をするようになってまいりました。急激に世の中は変わっているけれど、私はこれはたぶん元に戻るだろうなと思っています。つまり、なんらかの形で人は共同体を作り直さなくてはいけない。どういう形になるか知りませんけれど、まあいろんな形で作っていったほうがよろしいでしょうね、というのが私のそこはかとない感覚です。

日本の家族と親子関係

　都市化が非常に進みますと、人が明らかに孤独になっていきます。これを救う方法を、人類はおそらくいろいろ考えてきました。実は私はマフィアというのはその典型の一つだろうと思います。そのうち日本にもマフィアってできるのではないかなという気がします。マフィアって社会の中心にいるような人たちが、暗黙のうちに裏でつながった組織を作っている。フリーメイソンがそうですが、そういうものが都市化に伴って、やむを得ず起こってくる。ある種の共同体の再構築だろうと考えています。日本にそういうものが、ひょっとしたらできてきてもいい時期なのではないか。

一人で住んでいる人が町の四割というのは変だと思いませんか？　常識では別に変じゃないのかもしれないし、どっちが常識か分からないのですが、少なくとも私の子どもの頃とはまったく違ってきましたね。それがどういう必然性に基づくか分かりませんが、それは自分と関係あるでしょうということをちょっと申し上げたつもりです。自分というのはたいしたものじゃありません。私に言わせるとナビの矢印です。

西洋の社会、キリスト教の社会ですと、その自分が神様と直接結びついていますし、対面していますからそれで良いのです。我々は世間というバッファを挟んでいますし、さらに家というバッファがありましたが、これはきれいに消えてしまいました。それを消したときの言葉が封建的という言葉。封建的でもう一つ消されたのが親孝行です。これはおもしろいと私は思うのです。

人は自分のために生きるか、他人のために生きるか、生きていくのに人間関係がどのくらい大切かということを考えたときに、いきなり出てくるのがまず親子なんですね。最初に作る人間関係が親子ですから。だから昔の人が、孝ということをある意味で中心に置いたのはもっともだと思います。共同体を作っていくと人間関係が非常に重要になってきて、その人間関係のいちばんの始まりの根本は親子ですから。でも、それでは戦前の親孝行という徳目がそれを意味していたかというとそうではなくて、おそらく子どもは親の言うこと聞けというふうに解釈されたから、戦後はそれをまたひっくり返したのでしょう。どっちにしても誤解には違いない。親子関係が人間関係の最初で最後でしょうと言うとおかしいのですが、最初でしょう、というのはそうだと思います。最後だってたぶんそうだと思います。要するに親の最期を看取るということが、子どもを最後に教育することですよね。

その親孝行を戦前は、子どもは親の言うことを聞けというふうに誤解しました。だからうちの母なんかは親に三度勘当されたと言っていました。そのたびに勘当を返したと威張っていました。ですから、やっぱり親子は人間関係ですよね。それを重要視するということは私は当然だろう、当たり前の知恵だろうと思います。それを子どもは親の言うことを聞いて当たり前という時代から、親の言うことを聞かなくて当たり前、そして、子どもの世話にはなりませんという親ができてくるという時代になってきて、どれも変だろうと私は思っております。親との関係もごく普通の人間関係で良いわけで、そう考えると、私も歳を取ったなと思います。つまり言うことが当たり前になってまいりました。それは孔子さまは七十にして矩を踰えずと言っているので、七十にして、自分の思うように勝手なことを言っているのに、いつの間にか常識的な結論になるという話です。

それで、大きく変わったのは自分だという問題になります。これはやっぱり落ち着きどころというのを我々が模索して作っていくしかないのだろうなと考えます。従来型の家族、家制度はなくなっていますし、家制度がちゃんと生きているのは政治家の世界や開業医の世界のように、看板が必要な世界です。今の総理だって何代目ですかね。両親の側から総理が出ているのではないですか。ということは日本の政治家って、ほとんど世襲ですよね。だからやっぱり生きているんですよ。頭の中をいくら変えたって、いちばん看板が必要な職業では家制度とは言いませんけど、家というものは生き延びております。

　歌舞伎の世界もそうですが、襲名なんていうのも若い人は全然意味がわからなくなっていると思います。親子で同じことをしていれば名前を継いでいるのがいちばん早い。さっき私が申し上げました会津の造り酒屋さんですが、昔風の変な名前だったですよ。「どうしてですか」って頼みもしないのにちゃんと説明してくれましたけど、「私は七代目でいつも襲名しているんです」と言いました。ある日同窓会の名簿を見たら私の同級生にもいるのです、襲名したやつが。昔風の吉右衛門とか、吉左衛門とか、歌舞伎の役者みたいな名前に変わっていました。

　これは何かとお考えになったことがありますか？　たぶん昔はそいつは大きな醤油の、家元じゃなく卸（おろし）です。お客さんが全国にいっぱいいるわけです。そうするとどこかで主人が亡くなって代替わりをします。私も、人事異動があるたびにいろんな会社から葉書や手紙をしょっちゅうもらいますけど、あれって迷惑じゃありませんか。昔の人はそこまで考えたと思います。郵便を出すのも大変な時代ですから主人はいつも同じ名前で「社長変わりましたけど従来どおりお引き立てお願い申し上げます」というのをやる必要がないんです。つまり世間に迷惑はかからないんです。

これはおもしろい習慣だなと思う。実際にそれでいいんです。私だけ一人で暮らしていたら、名前なんていらないのですから、名前は完全に人のためだということになります。今はその名前を固定してしまいました。これは要するに社会の便宜のため以外の何物でもないので、私はしょっちゅう名前を変えたいんです。別な人になれますから。

「同じ」にする能力

皆さんがどういう写真をお持ちか知りませんが、私のいちばん若い時の写真は生後五〇日のお宮参りです。お宮参りの赤ん坊がアルバムの最初に貼ってあって、子どもの頃から、お袋がこれはお前だよ、あんただよって言うから、私、疑い深いですから、本当に俺かなとずっと思っていました。うちのお袋は小児科の医者で相当いい加減な人ですから、これひょっとすると患者さんが自分の子どもの写真持ってきて、それを引き出しかなんかに放り込んだのを忘れて、そのうち出てきてうちの子どもだったかって、俺のアルバムに貼ったのではないかと思っていました。

でも、そのときの自分を作っていた分子って、私の中に今ほとんど残っていません。ほぼゼロです。

七年間経つと、皆さん、ほぼ完全に物質的に入れ替わっているということを御存じですか。それなのに同じ私だと言っているのは、頭がおかしいと思いませんか。どうしてそう言うかというと、私は最近やっと分かってきた気がするんですけど、人間の意識って同じだという能力を持ったんですね。同じものというのは世の中にないのです。感覚は違う違う違うと必ず言う。違いがあるから感覚が働くのです。同じだと感覚は働きません。この部屋の照明を変えたらすぐ気がつきますけど、照明変えなきゃ全然気がつかない。気がつくのは変化があるからです。

人と動物の最も大きな違いは、実は意識が同じという働きを持ったことではないかと私は最近思っています。ピンときませんでしょう。同じって働きがないと言葉が作れないのです。ここにおられる方全部座っている場所が違って、顔が違って、違う人ですね。動物はそう思うでしょう。人間はそれをどうするかというと、人というものにくくってしまいます。これはものすごく乱暴な働きなのですよ。

だから、私は犬をここへは連れてきません。訓練した犬でないとこういうところに連れてきたらかわいそうです。なぜなら彼らは感覚が鋭敏で、一人一人のにおいから何から区別してしまいますから、これだけ不気味なものが、これだけの数いたら、犬にとっては正体不明です。

人間はそういう訓練が良くできていまして、これを同じと見るのですね。この同じという能力が言葉を作る。これは動物が言葉をしゃべらないのはなぜかということと関係しています。

犬の好きな人は、動物は言葉をしゃべらないと言うと反論します。「うちの犬は家族の誰が名前を呼んでも走ってきますから、先生、名前ぐらい分かってますよ」と。私はそれは嘘だと分かっています。訓練が行き届いた犬がちゃんと「おすわり」って座りますね。今度そういう犬を見たら、ときどき「トマト」とか言ってみてください。座りますよ。あいつら分かって無いってよく分かるんです。

犬はどう分かっているのかというと、家族のそれぞれが自分を違う名前で呼んでいると思っているんです。家族のそれぞれの声の高さが違うからです。耳というのは音の高さを判定する器官なのです。それは耳の勉強をすれば分かります。

皆さんの中に絶対音感をお持ちの方がおられると思いますが、絶対音感というのは小さいときから楽器の訓練をしないとつかないというふうに、音楽教育でよく言ってきました。動物を調べてみますと、なんと調べられた限り全部絶対音感なんです。絶対音感のほうが当たり前なのです。耳の構造を考えると理解できます。耳の中が共振するのですね。共振する場所が決まっていますから、同じ高さの音が聞こえたら同じ場所が震えるので、本当は音の高さは絶対的にわからなきゃいけないのです。

お母さんが高い声で「太郎」と言って、お父さんが低い声で「太郎」と言っても、同じ俺のことだなと分からないと言葉が使えないでしょう。皆さん方は育つ過程で、言葉を扱う便宜上、できるだけ音の高さを無視して、同じ音、言葉だというふうに聞くようになったんです。そのためには絶対音感を無くしたほうが有利だと言います。だから耳の構造から言うと赤ちゃんは絶対音感を持っているに違いないんです。動物がそうなんですから。

そう考えたとたんに、私は音痴というのをちゃんと言葉で定義できるなということに気がつきました。音痴とは何かというと、音の高さは違っていても、同じ曲だと信じて歌える能力です。それは人間しかもたない能力なのです。だからウグイスに「ホーホケキョ」と私が言っても来ません。声の高さが低すぎるからです。そういうことはあまりお考えになりませんでしょうが、感覚でとらえた世界と、人間が意識、つまり同じにする能力がとらえた世界はかなり違ってきます。そのことはときどき反省されたほうが良いと思うのですね。

我々が進歩と呼んでいる言葉はしばしば同じにするという方向を示しています。私はあまりそれは好きじゃないんです。同じにいたほうが効率的で経済的で合理的だと、必ず意識がそう言うんです。でも、人はみんな違います。そうでしょう。当たり前。

そういうことでまた当たり前の結論になって申し訳ないのですが、指定された紙幅になってしまいましたので、これ、学校にいるときからのくせでございまして、あとはご自分でお考えいただきたい。

神は詳細に宿る

III

けふのうちに
とほくへ　いってしまふ　わたくしの　いもうとよ
みぞれがふって　おもては　へんに　あかるいのだ
（あめゆじゅ　とてちて　けんじゃ）

——宮沢賢治「永訣の朝」
詩集『春と修羅』より

死は伝達を拒否する

二九年前に『新潮45』で同じ特集があり、それに寄稿させていただいた。だから今回も書きなさい。そういう注文である。

なにを書いたんだ。そう思って読み直してみると、べつに変わったことは書いてない。もちろん具体的なことは忘れているけれど、大筋は変わらない。なにが大筋かというと、一人称つまり自分の死は要するに「ない」、だからまあ考えたってしょうがないということ、もう一つは、死は二人称であり、親しい人の死が死である、ということ。

言ってしまえば、それだけである。でもほぼ三〇年経ったんだから、なにか変わっただろうか。いや、変わりませんなあ。むしろ思考の贅肉が落ちて、骨だけになった。そんな感じである。

四月の末に半世紀以上の付き合いの友人から突然の話があった。肺炎で母校の大学病院に入院している。数か月の入院を言い渡された。レントゲンでは、肺が真っ白さ。これはもういけない。自分も医者だから、そう思ったのであろう。「お前も無理するなよ」。その忠告を最後に電話が切れた。あとで息子さんから聞いたが、病床から電話をかけていたらしい。結局会わないままに、間もなく亡くなった。

いろいろな想い出はあるが、書いても仕方がない。関係者つまり二人称以外には、その詳細が意味を持たないからである。あいつのおかげで、ずいぶん人生が変わったなあ。そう思うが、それを書くなら、小説になってしまう。人に死なれると、よくポッカリ穴が開いたようだと表現する。たしかにそういう感があって、そうか、人間関係は空間配置としても感じられているんだなあ、と思う。あるはずのものがない。しばらくの間は、ふとした機会にそう感じる。その感じが消えていくと、まさにその人が「亡くなる」ことになるのであろう。新しい空間配置が脳に生まれているのである。

歳を経るごとに、手掌（しゅしょう）から零れ落ちるものに対する哀惜の念が増す。メディアの時代、情報化の時代がそれに拍車をかける。情報化とは、すべてのものを伝達可能にすることである。しかし世界は伝達不可能なものに満ちている。でもそれを忘れさせるのが現代である。伝達不可能なものは「ない」。人々は暗黙の裡にそう思うようになる。なぜかって、ネットやフェイスブックやラインやテレビですからね。

伝達可能とはどういうことか。コピーが可能だということである。コピーが可能な形にしない限り、正確な伝達はできない。遺伝子は親から子に伝達される。ＤＮＡ分子がコピーされるからである。二重らせんはコピーという機能を上手に果たす。でも実際の細胞の中では、写し違いが時に起こるし、欠失も付加も起こる。

　脳は遺伝子とは違い、四つの塩基の配列という形ではなく、デジタルという形でコピーする。具体物としてコピーはいずれかならず変質するから、繰り返しコピーをとる。記憶を何度も思い返すのはそのためであろう。伝達とコピーは要するに同じことである。コピーは時を越えての伝達だからである。時を経ても「同じ」であるもの、それが情報である。具体的な事物は時を越えて同じであることはできない。だから万物流転、諸行無常なのである。

　死をいくら論じても、論じきれないのは、根本にこの問題があるからであろう。死は伝達を拒否する。システム化できるということは、時を越えて「同じ」であるようにできるということである。学校という組織は毎年生徒が入れ替わる。でも学校自体は「同じ」形で存続する。制度は常にそういう形式になっている。むしろそれを制度という。個人でいうなら、死は個というシステムを切ってしまう。つまり伝達がもともとありえない。伝達できないものを、言葉という形で、伝達できるものにしようとする。そりゃ無理というものでしょうなあ。

生きそびれないようにすること

テレビはすでにデジタル化した。書籍もデジタル化しつつある。伝達社会ではそれで当然なのである。ではデジタル化できないものとはなにか。

　古舘伊知郎さんから話を聞いたことがある。スポーツの実況中継の練習をする。それには朝起きるとまず「古舘伊知郎、寝床を出ました、洗面所に向かっています、歯ブラシをとって歯を磨き、云々」と、自分の行動を実況中継する。そうやって練習したという。その実況中継が、生きて動いている古舘伊知郎自体でないことは、いうまでもない。問題はそこから「落ちている」ものはなにか、ということである。そこから落ちたものを、可能な限り拾うことはできる。でもそれでも落ちてしまうものがある。そんなことは当たり前で、当たり前だから説明のしようもない。

　現代社会ではもはや人生そのものが落ちる。そういいたくなる。神は詳細に宿る。キリスト教世界でそういう言葉が出るのは、そう思えば当然かもしれない。そこでいわれている詳細とは、言葉にできないものである。つまり伝達不可能なものである。それがひたすら排除され続ける世界が、「はじめに言葉ありき」の世界である。だから欧州はある意味で保守的なのであろう。時を越えて「同じ」であることは、保守的ということだからである。神は詳細に宿るのだが、その詳細を伝えることはできない。制度的に保証することなんか、所詮は無理である。なにか落ちてますよ。それをいうしかない。

　死を想うなら、生きそびれないようにすべきであろう。現代人のいちばんの危うさは、生きそびれることである。情報とはすなわち過去である。「済んでしまったこと」だからである。

日々のニュースは新しく感じられる。しかし伝えられている出来事自体は、すでに済んでしまっている。なにより出来事が情報化された時点がすでに過去ではないか。それに浸ることは、過去を生きることに他ならない。だから現代では歴史が流行る。

六月末に三日ほど、台湾で昆虫採集をしていた。台湾人で案内役の周文一博士をはじめとして、中年から老年のいい歳の男たちが、仕事を休み、山中で大騒ぎをして、カミキリムシを採っている。金にもならなきゃあ、GDPも増えない。傍で見ている私は、あいつらはバカじゃないかと思うのだが、当人たちは嬉しくてしょうがないのである。早朝に珍しいカミキリムシを捕まえたというので、一日中興奮している。こんなこと、他人に伝達しようがありませんなあ。生きているというのはそういうことで、大人も子どもも動物も、そこに区別はない。

折角生きているんだから、死ぬことなんか考えて、時間をムダにしないほうがいい。死ぬことのすべてを意識的に明らかにして、デジタル化し、他の人や後世に伝える。生きているというのは、そういうことか。そんな暇があったら、私は虫の標本を作る。虫を見ていると思う。まさしく神は詳細に宿る。それを実感する。なんでこんなものが、こんな形で、存在しなけりゃいけないのか。そう思いながら、ひたすら見続ける。ただ世界をありのままに見ているだけである。しかもそれほど楽しい時間はほかには滅多にない。それを伝えられるかって、伝わるわけがないでしょうが。楽しんでいるのは私で、あなたじゃありませんよ。

帰国したら、べつの級友の死亡通知があった。あの人には家族を含めて、ずいぶん世話になった。でも本人は十分に生きたのだろうか。思えば、真に生きるとは、あんがいむずかしいことなんですなあ。その意味でも、人は易きにつきやすい。その責任は本人にしかとれないのである。

脳から考えるヒトの起源と進化

IV

人間以外の動物が体験する思考や感情は我々のそれとはまったく異なり、おそらくはるかに簡単なものだろう。しかし、だから無意味ということにはならない。人間は主としてすばらしい言語の使用によって——とくに直接的なコミュニケーションや個人の記憶をはるかに超えて知識を散布し保存できる書き言葉によって——ありとあらゆる思考を展開してきた。動物も同じようにそれができると推測する根拠はもちろんない。動物が考えるのは、人間がおもに関心をもつようなことがらではなくて、むしろ動物自身にとって直接重要なことがらに関するものだろう。

——ドナルド・グリフィン
『動物の心』長野敬、宮木陽子訳

ヒトの意識に何が起きたのか

——ホモ・サピエンス以外にかつて生息していたヒトびとを「プレ・ヒューマン」ととらえ、サピエンスとの間で何が起きたのかを考えたいと思います。養老さんはプレ・ヒューマンたちとわれわれには、どのような違いがあったとお考えでしょうか。

ネアンデルタール、あるいはそれ以前からのヒトへの入れ替わりについては、専門家のみなさんが論じていらっしゃるわけですから、私のほうからあらためて言うことはありません。ただし、最近勝手に考えていることがあります。誰でも考えることですが、ヒトは他の種と脳が違ったということです。これは間違いない。直立二足歩行は脳が大きくなる以前からやっていました。アウストラロピテクスの段階では、脳はチンパンジー並ですが、それでも直立二足歩行をしていた。もちろんサイズではないとはいえ、人類進化は脳と不可分なのです。

では、そこで何が起こったのか。それがとても気になります。私の現役最後の頃、つまり二〇年以上前ですが、ようやくヒューマン・ゲノムの解読がされ始めました。一番ラディカルな方法は、チンパンジーの遺伝子と人間の遺伝子を完全に混ぜてしまって、相補的なものは全部落とすというやり方です。そうするとヒトに特有なものが残るはずだから、それをまずチェックしたほうがよい。と、ここまでは考えたのですが、当時は具体的にはできませんでした。これについてはそこで仕事を辞めてしまったので、それきりでした。

ここでできることは何かというと、博物学というか、具体的に観察することです。しかも何を観察するのかというと、意識です。人間の意識が違ってしまったということは間違いないと思います。意識は動物でもありますが、そのときの意識の定義は極めて簡単で、寝ているか起きているかということです。実は意識の科学的定義がない。しかも、意識はタブーなのです。医者なんてひどいもので、全身麻酔で意識を左右しているくせに、意識についての理論を一切持っていないのです。物理学的には意識なんてそもそもないのに、その意識がエネルギーだとか電磁気だとかマクスウェルの方程式だとか現代思想だとかを扱っているわけです。しかも動物とヒトとで一番違ってきたのはそこだということは直感的に誰でもわかるわけです。どうしてそれを放っておくのでしょう。動物とヒトの意識とで何が違うのか、私はずっと引っかかっていたのです。

私たちの頃はまだドナルド・グリフィンが『動物に心があるか――心的体験の進化的連続性』を書いたりしていました。そんなのあるに決まっているじゃないですか。ただし定義がない。人間の意識が前提で、それに類するものがあるかという話なのですね。特にクリスチャンの世界では人間は神様が別に創ったものですから、別に動物と違ったってよいのです。ではどこが違うのかという話になります。

同一性という謎

私が若いときから疑問だったことの一つは、同一性です。同じにするという能力を、人間は能力としてどこかで手に入れた。そう考えてみると、人間の特徴は全部説明できるという気がしてきたのです。そんなの極めて単純なことですから、どうしてみんな考えないのかと思ったら、やっぱり意識はタブーだったのですね。「科学的に証明されていない」とかみんな言うけれど、「そう言っているのは意識だろ?」と思います（笑）。

動物とヒトの非常に大きな違いは言語です。ところが、「動物に言語はない」と言うと、ただちにヨームや九官鳥などを例に「プリミティブな言語はある」と反論がいろいろ出ます。これも意識のときと同じで、わからなくなってしまうのです。

ですから、とりあえず「うちの猫」というふうに限定してお話しします。うちの猫はマルという名前で飼い始めて一三年目ですが、一言もしゃべりません。「ニャー」しか言わない。でもどうしてなのでしょう。それについての疑問なのです。

それで私が勝手に出した答えが、何のことはない、あいつらは感覚依存だということです。

感覚依存とは何か。耳の場合、蝸牛というカタツムリに似たところで振動が起こります。鼓膜から入った振動がカタツムリの入口の骨に伝わって、その骨がカタカタと動く。その揺れている骨の後ろに膜がくっついているので、それが適当に振動し、音の周波数によって一定の場所が共振するのです。理屈で説明すると結構面倒臭いのですが、解剖学的には比較的簡単です。というのも、この膜の上に毛が生えた有毛細胞という感覚細胞が並んでいます。その毛の長さや並び方や数が違っているのです。どうして違っているのかというと、周波数が違うと共振する場所が違うようになっているからです。

解剖学では当然耳の構造について習うのですが、そのときおかしいなと思ったことがありました。例えば水の入ったコップを叩くと振動して音がしますね。そこで私がコップのなかの水を大分飲むと、音が変わります。それだけのことと言えばそれだけのことなのですが、耳のなかでは、違った音が聞こえたときには膜の違った場所が振動しているのです。逆に言うと、同じ周波数が聞こえたときには同じ場所が振動します。同じ場所が振動するのですから、「この間と同じ場所が動いた」とわかるはずだと思ったのです。でも、同じ音だということがわからない。

ここまで来て考えが止まっていたのですが、ある日突然「あれ⁉」と思いました。それは調べられた限りの動物はみんな絶対音感だという文章を読んだときです。人間にも絶対音感の人がいますよね。昔は小さいときから楽器の教育をしないとそういう特殊能力は身につかないと言われていました。ところが、「調べられた限りの動物は絶対音感である」というのを読んだとき、「あれ⁉」と思った。つまり、動物は全部絶対音感であるということは、人間の子どももそうであるということです。そうするとむしろ「自分が同じ音がわからないほうがおかしいのだ」ということになります。耳のなかで同じ場所が振動しているのに、それを無視してしまっているのです。同じ場所だということがわからなくなってしまっている。つまり人間は基本的に相対音感なのです。ですから、「小さいときから楽器訓練をしないと絶対音感が消えてしまうのだ」というのが私の結論でした。

さてそうなると、「うちの猫は絶対音感だ」ということになります。その瞬間に「それじゃあ言葉はできないわけだよな」とわかったのです。私がうちの猫のことを「マル」と呼ぶのと女房が「マル」と呼ぶのとでは音の高さが違いますね。感覚を優先していたら言葉はわかりませんよ。例えば、うちの猫に赤い字で「青」という字を書いて「これは青だ」と教えようとすると猫が怒るわけです。「赤じゃないか」と。結局動物は感覚優先なのです。感覚を絶対優先にした場合、「赤い字の青」なんて読めません。音も同じで、「ホーホケキョ」というメロディはともかく、ウグイスの高さで言わないとウグイスは聞いてくれません。人間が言葉を話せるようになった一番の根本は「感覚よりも意識が優位になった」ということですよね。意識が発生するのは間違いなく頭のなかですよ。外界と接しているところは感覚ですから、その感覚を動物は優先してしまっているので、言葉はつくれません。なぜなら、よく考えてみると、実は感覚というのは普通、耳は空気の振動を捉え、目は光という電磁波を捉えると教えてしまうので、その前提を考えなくなる。

しかしそうではないのです。その前提は何かというと、感覚は世界の違いを捉えるという当たり前のことです。感覚は世界を違いとして捉えます。例えば嗅覚というのは化学的なレセプターという話になりますが、そうではなくて、今匂いがするということはそれまでその匂いがなかったということです。昔、汲み取りのトイレに入ってしばらくすると、臭くなくなりました。同じ匂いだったら臭くないのです。だから、当座は臭いですがみんな平気だったのです。

そのように考えたときに、感覚は「違う」と捉えますが、われわれの意識はそれに対して「同じ」という能力を持ってしまったという結論です。そうすると、形が同じだと赤字で書いても「青」という字は「青」です。当たり前のように感覚を無視するわけです。だいたい黒字で赤だの青だの書いているわけですから（笑）。そう考えると人間って無茶苦茶です。

では「同じ」とは一体なんでしょうか。算数で最初に教わる「同じ」は3＋3＝6というイコールです。これについては、子どもは素直に受け取ります。素直に受け取らなくなる時期は、中学に入って代数によって文字が入ってくるときです。代数を使って方程式を解く。そうすると理論的にはa＝bにならなくてはいけなくなります。この途端につっかえてしまいます。なぜa＝bが納得いかないのか。それはaとbは違う字だからです。a＝bならば明日からbという字はいらなくなります。なぜならaと書けばいいのですから。数学は論理的なはずなのに

a＝bなんて無茶苦茶じゃないか、というわけです。ここではaとbは感覚的に違う文字と捉えるようにつくられているわけです。それをイコールは無視しろと言っているわけです。これが人間です。イコールが成立すると数学基礎論では「a＝bならばb＝aだ」と言うわけです。これを交換の法則と言います。「a＝bはb＝aだ」ということを証明しなくてはいけません。レヴィ＝ストロースは「人類社会は交換から始まる」と言っています。実は交換とは「同じ」ということから始まるのです。この「同じ」をさらにくっつけたのが等価交換です。それがお金です。動物はお金をまったく理解しません。概念が典型的にそうです。赤いりんごも青いりんごも、大きい、小さい、すっぱい、甘い……どんなりんごもすべてりんごなのです。どんなりんごも「同じ」にしているわけです。言語は同じにできないと使えません。同じにすることが言語の根本原理です。動物にはそれができないということが最初の結論です。

「同じ」という公式

認知科学で「心の理論」というものがあります。認知科学者は「心の理論」の意味をきちんと説明していません。というのも本人もわかっていないからです。どういうことか説明します。自分の子どもが生まれたときに、ちょうど同じ頃生まれたチンパンジーを探してきて、一緒に育てたアメリカ人がいます。三歳までは何をやらせてもチンパンジーが優位なのです。ところが四歳を過ぎると急激に差がついてきて人間が伸び出します。そのときに何が起きているのか。チンパンジーにないものがあります。それが「心の理論」です。

簡単な図式で説明します。「心の理論」は通常四歳頃に起きるので、三歳児と五歳児に舞台を見せます。舞台には蓋ができるAとBという二つの箱があります。そこに母親がやってきてAの箱に人形を入れて蓋をして行ってしまいます。次に、舞台に姉が出てきてAの箱から人形をBの箱に移して蓋をして去ってしまいます。その後母親が帰ってきます。そこで二人に母親はどちらの箱を開けるか質問をします。すると、三歳児はBの箱に人形が入っていることを知っていますので、Bの箱と答えます。五歳児は、母親は姉が人形をBの箱に移すのを見ていないから、母親の立場ならAの箱を開けるだろうと考え、Aの箱と答え正解します。これが「心の理論」です。五歳児は母親の立場で母親の心を推測できるのです。何が起きているかというと、母親と自分を取り替えることができるのです。つまり交換です。そうなると「天は人の上に人を造らず」ということがわかります。

人間社会はある程度進むと必ず平等論が出てきます。平等というのは嘘じゃないかということはみんな知っています。例えば、平等であるならば、なぜ男と女が平等だということをわざわざ「男女平等」と言わなくてはならないのでしょうか。あるいは高齢者と若者がなぜ同じなんだということです。平等論は「心の理論」です。見た目から何から実際は全部違うけれど、それを全部同じだというわけです。そして「相手の気持ちになって」という話になり、自分と相手を交換するわけです。動物はそれをやりません。やらないからサルの社会は全部ボス支配で、自己中心的です。そう考えてみると、人間社会の大きな特徴である言語からお金から平等まで「同じ」という公式ですべて説明できるわけです。

感覚的なものと概念的なもの

この問題に最初に引っかかったきっかけは、自己同一性ということです。「私は私、同じ私」というのはどう考えてもおかしいと思います。私は自分のアルバムを見て、生後五〇日のときの写真と、今の自分とどこが同じなのかわかりません（笑）。現代人は客観性を重要視して、科学的に考える人たちであるならば、この赤ん坊はどう考えても別のものだと考えなくてはいけません。では物質的に考えてみましょう。現代医学では七年経つと分子は全部入れ替わると言われています。そうなると私は一一回入れ替わっているわけです（笑）。どこが同じなんだと。そうやって考えていくと、自己同一性は完全な錯覚だということになります。しかし、面白いことに意識は毎日寝ることで切れます。しかし毎回、記憶を含め戻ってきます。戻ってくるたびに違う自分だと困るわけです。つまり、「私は私、同じ私」というのは、実は人間の意識そのものの性質だということです。なぜなら意識は「同じ」という働きを持っているわけですから。すると、意識が発生した瞬間、つまり戻ってきた瞬間に同じ私が戻ってくるというわけです。

では「同じもの」とはなんでしょう。これが探し始めるとありません。同一性は詐欺ですから。そこに何か明らかな問題があることがわかります。概念に関してのみ成り立つのが「同じ」なのです。例えば、私が日曜大工をやっていて、釘があと一本しかないとします。そこで息子を捕まえて「これと同じ釘を買ってこい」と言います。すると息子は「お父さん、『同じ釘』っていうけど、もう手に持っているでしょ。だからもう買えないよ」と屁理屈を言うわけです。この場合、私は「同じ種類の釘」を買ってこいと言っているわけです。種類については「同じ」と言えますが、感覚で捉えられたものに対して「その釘」とは言えないのです。この区別は哲学的な区別といった話ではなくて、英語などの西欧語に特徴的な、定冠詞と不定冠詞の違いの話になります。感覚で捉えられている実体のことをtheと言い、「同じ」釘のことをaと言うわけです。今までの話は定冠詞と不定冠詞の話だということに気がつくわけです。

日本語にもちゃんとこうした区別があります。例えば、「むかしむかし、あるところにおじいさんとおばあさんがおりました。おじいさんは山へ芝刈りに」というとき、なぜ最初の助詞は「が」で次が「は」なのかということです。小学生の頃、英語の時間に「This is a pen」という例文を教わります。先生は「the pen」と「a pen」の区別を説明するのに苦労するわけです。私の場合は「an apple」と「the apple」の区別でした。「the apple」は「あのりんご、そのりんご、このりんご……具体的なりんごですよ」と説明されました。食糧難だった私には「具体的なりんご」という説明はよくわかりました。次の「an apple」の説明では「どこのだれでもない一つのりんご」と言われました。これはわかりませんでした。今でもわかりません。しかし、小学生なりに考えたとき、「どこの誰かは知らないけれど誰もがみんな知っている」という月光仮面の歌を思い出しました。どこの誰かは知らないのにどうして誰でもみんな知っているんだろうと、不思議で仕方ありませんでした。「あれは an apple だ」と思いました。これは概念としてのりんごです。概念としてのりんごは言葉のわかる人は予め分かっているという前提があります。その概念としてのりんごのことを「an apple」として区別するわけです。したがって、そのりんごは感覚に訴えるりんごがないところでも自由自在に使える言葉なのです。今ここにりんごはありません。ですから、私が今話しているのは「an apple」です。根本はそういうことだと思います。

先ほどの例に戻ると、「むかしむかしおじいさんとおばあさんがおりました」という「が」が導いてきたおじいさんとおばあさんは、「どこの誰かは知らないけれど誰もがみんな知っている」おじいさんとおばあさん、つまり、言語がわかる限り理解できるはずの、不特定の概念的な「おじいさん、おばあさん」なわけです。

ところが、突然「山へ芝刈りに行くおじいさん」が感覚世界に出現してきます。このときは

「the おじいさん」ですから「おじいさんは山へ芝刈りに」なのです。このように考えていくと、この区別は言語のなかに非常に基本的に具えられていることがわかります。

面白い言語が中国語で、助詞がないためにその区別が一切ありません。では、中国人は定冠詞・不定冠詞・助詞がない言葉でどうやって議論するのでしょう。私はそこで子どもの頃に聞いた中国哲学の議論が理解できました。それは「白馬は馬にあらず」というものです。この議論は間違いなく感覚的なものと概念的なものの違いに引っかかっているのです。「白馬」と言うと感覚的です。ところが「馬」と言うと概念的です。「白馬は馬にあらず」が変な議論になるのは、中国人は「a horse」と「the horse」の区別がつかないわけですから、考え出すと「お前の言っている馬はなんだ?」という話になってきて、そこで違いがあることに気がつくのでしょう。

情報化・同一化の欲望

そこまでいくと、「同じ」という視点から考えた場合、一体言葉ってなんだろうということをさらに考えたくなります。私の場合、そこでものすごくはっきりしてきたことは、「時間が経っても変わらない」ということだったのです。自己同一性の主張する「私」もそうですが、要するに、概念は時間が経っても変わらないのです。私が考えているアップルが古くて、あなたが考えているアップルが新しいということはあるかもしれません。現にいまアップルと言えばiPhoneのAppleでしょう（笑）。そう思った瞬間に、万物流転の矛盾がやっとわかったのです。万物流転はすべてのものが移り変わると言いますが、なぜ二〇〇〇年以上「万物流転」という言葉のままなのでしょう。平家物語もそうです。「祇園精舎の鐘の声　諸行無常の響きあり」から七〇〇年経っても書き出しは変わっていません。時間と共に変化しない、つまり常に同じであるようなものを、私たちは情報と呼びます。情報の定義はそれに尽きると私は思います。しかも意識は情報しか扱えません。これが結論です。

現実世界は諸行無常で万物流転ですが、それを学問や科学は情報化、つまり情報に化けさせます。情報化させると時間と共に動きませんからそれが真理になります。永遠に固定してしまいます。ですから人間の社会は情報化社会なのです。要するに「同じ」という一言で人間は説明できるのではないかというのが私の意見です。では「同じ」はいつから始まったのでしょう。

これについては『唯脳論』の頃から次のように思っています。人間の脳が大きくなってしまったので、視覚、聴覚、触覚などの感覚中枢の距離が離れてしまいました。大脳皮質は膜ですから、皮質の表面を波上に情報が処理されていきます。すると、視覚と聴覚それぞれの一次中枢からの波が情報処理されてぶつかり、耳からの情報も目からの情報もまったく同じように処理できる場所ができてきます。これが言語野になります。動物にこうした情報処理ができないのは、それぞれの一次中枢の間が狭すぎるため、目は目、耳は耳というように独立に情報処理され、異質な情報を間で同じように処理する余裕がないからです。だから情報は頭のなかのものです。人間はそういうふうにできてきたのです。

――感覚優先の動物に比べ、私たちヒトの感覚はとても鈍いです。

人間は動物に比べ感覚が鈍いわけですが、現代社会はさらにそれを鈍くして同じにしています。朝から晩まで気温や明るさ、風向きが変わらないなんてことは、自然の世界ではありえません。歩いてみると地面に凹凸がなくて全部同じ固さです。

では、全部同じにしてしまうのはなぜでしょう。感覚をできるだけ刺激しないよう、使わせないようにしているからです。そうなればなるほど高級だと意識のなかでは思っているからです。面白いことに外部世界をできるだけ感覚を使わないで構築していくのです。都市間で考えてみると、ニューヨークもパリもロンドンも、そして東京も景観が似たような同じものになるのです。私は人間が人間になったのはいつで、どう始まったのかについては、そこが一番問題だと思っています。つまり、シンボル能力を使い始めたときが現代人の始まりだと言うしかありません。

これについては古くから人類学ではかなりはっきりわかっていて、いわゆるホモ・サピエンス・サピエンス、新人の能力です。おそらく、それ以前の人類から一番区別できることは感覚から離陸してしまったということでしょう。感覚から離陸すると独自のものをつくり出します。

しかも直接的な感覚から離陸しないと、ラスコーの壁画は描けません。なぜなら絵と現物は違うからです。絵に描いてあるものがバッファローだと了解できなくてはいけません。バッファローと絵を交換できる、同じとみなす必要があります。その初歩的能力は、確かに動物にもあります。しかし、赤色で書いた「青」という字を「青」と読むなんてことは人間にしかできません。それは結局「あなた色なんて無視してるでしょ?」ということなのです。
だから周波数もわからないのです。その好例が音痴という現象です。音痴が発生するのはホモ・サピエンスの段階なのです。音痴をきちんと定義すると、音の高さが違っていても同じ曲だと信じて歌える能力のことです。これは人間にしかできません。絶対音感のある人は、ピアノの調律が全体として半音ずれていたらまったく新しい曲に聴こえます。半音ずれたら音痴なのは当たり前です。

脳の驚異

——ネアンデルタール人の脳容量は、われわれホモ・サピエンスより大きかったにもかかわらず絶滅してしまいました。脳の重さだけでは能力は測れないということでしょうか。

絶対に測れません。一番いい例が小脳です。小脳は大脳の二〇〇億に対し、八〇〇億の神経細胞を持っていると言われています。小脳がなくても意識には関係がありません。私は学生時代、小脳がない人の標本を見たことがあります。その人は生前、日本舞踊の師匠でした。

——小脳は運動系を司りますが、日本舞踊の立ち居振る舞いに問題はなかったのでしょうか。

むしろそのほうが踊りとしてはよかったのかもしれません。つまり、小脳に組み込まれてしまうと、非常に能率のいい動きになる反面、決まりきった動きになってしまいます。しかし、小脳がないと日本舞踊などの人に見せる踊りで難しい動きができるようになってしまうのでしょう。

もう一つ、二五年くらい前から一番気にしていたことですが、私たちは脳を各機能で分けていますが、実は脳は非常に可塑性が高く、驚くほど適応します。例えばアメリカで、大脳半球脳腫瘍で半球を取ってしまった高校一年生がいました。ところが、高校を卒業する頃には半身不随がなくなるという信じられないことが起こりました。先ほどの小脳がない日本舞踊の師匠も、先天的に小脳がなかったのでしょう。そうすると別に問題がないのです。脳は初めから人間社会と自然環境、その両方の在り方に対して適応するようにできているということです。そういうものなのです。だからこそ逆に人間は社会をつくって脳を統制しようとします。だから無理やり学校に入れて、無理やり社会のなかで育てるわけです。そうすると脳が揃ってきます。それでもうまく揃わない人は犯罪者などとして収容しているのです。

非社会脳化する現代社会

——ホモ・サピエンス誕生から、私たちの脳はどのような変化を辿ってきたのでしょうか。

霊長類学からも明らかになっていますが、人の脳が進化的に大きくなってくる根本は、群れのサイズなのです。脳の重さを体重の四分の三で割ると一定の指数が取れます。そうするといろいろな種類のサルの脳が利口さにあわせて一直線上にきれいに並びます。その並びが意味することは、脳の大きさと利口さは比例するということです。脳の大きさは、その種のサルがつくる群れの大きさと比例しています。それが大きいほど、脳が大きくなります。

その理由はおそらく、群れが大きくなればなるほど、構成メンバー同士の関係が複雑になることにあります。複雑になるほど脳も大きくなければならないわけです。また、こうしたサルのデータから、人間のサイズの脳を持つヒトたちが何頭くらいの集団だったのかを推測することもできます。すると、一五〇という数字が出てきます。これはダンバーという学者が提唱したことから、ダンバー数と言います。

今の話と別の筋から言えば、脳とは外界を把握して適切な行動をするための器官です。その外界とは二種類あって、一つは木の枝や水、地面といった自然環境、もう一つは同じ種類の個体間にある社会環境です。この両者に適応しなくてはいけません。霊長類、特に人の脳にとっては、群れの個体間の関係が大事になります。これを社会脳と呼び、もう一つのほうを非社会脳と呼びます。本当は自然脳とか、別の呼び方をしたらよいと思いますが。そして、この区別は未だに人間のなかにきれいに残っています。例えば、何かに集中して作業をしているときの脳は非社会脳です。そのときに人から話しかけられると、明らかに頭を切り替えるでしょう。それは脳のなかで使う場所が変わるからです。こうしてお話をしているときは社会脳なのです。

ところが、もっと重要なことがある。それは人間が何もしないでボーッとしている状態を測定すると、社会脳だということです。最近はさらに調査が細かく進んでいて、生後二日目には社会脳のパターンが出てきていることがわかっています。母親を相手にしていますからね。つまり、人間の脳は社会脳が基本で、しかもそれがデフォルト設定だということです。なんにもしないでいると社会脳なのです。それは直感的に理解できると思います。

ただ、この社会脳と非社会脳の関係は、現代社会にすごく大きな問題を及ぼしています。典型は、ありとあらゆる事故（アクシデント）です。原発事故などもそうですが、私が考える一番のものは、アメリカのスペースシャトル、チャレンジャー号の事故です。打ち上げの途中で爆破してしまったわけですが、技術者は打ち上げに反対していました。しかし広報が強行した。それは広報が人間関係という社会脳で動いているからです。技術者は自然環境のなかで動いていますから、非社会脳です。打ち上げ日の気温だと、Oリングが硬くなって事故が起こるリスクが高いと主張していたのですが、広報側はすでに何度も延期していたし、人も集めているし広告も打ったから止められない、と。その主張が認められて、発射が強行され、事故が起こったわけです。
事故後に出された調査報告書には、調査委員会に加わった物理学者のリチャード・P・ファインマンの個人的意見が付録として収録されています(『聞かせてよ、ファインマンさん』所収「リチャード・P・ファインマンによるスペースシャトル『チャレンジャー号』事故少数派調査報告」)。その報告書の最後は「テクノロジーを成功させるためには、広報よりもまず現実を優先すべきである。なぜなら自然を欺くことはできないからである」と締めくくられています。この欺けない自然というのが、非社会脳の話であって、社会脳で非社会脳的な事実を扱うと、えらい問題が起こるということです。

原発事故もそうです。つまり賛成か反対かが優先してしまって、原発の安全性そのものをどちらもまじめに考えていなかったということが、予備電源喪失の過程にきれいに出てきてしまった。その結果、ヘリコプターで水を運んで上から降りかけるという、本当に漫画のようなことになってしまいました。

原発の賛成派にせよ、反対派にせよ、とても大事なことを議論していると社会脳で考えていたのでしょう。賛成と反対でそこまで熱くなる暇があるならば、原発自体の安全性を見てみたら? ということです。非社会脳でいけば、原発なんてあの程度なのです。あそこまでいくと真面目にやってくれよと言いたくなります。今の政治家の言うことのアホさ加減ときたら、漫画を通り越して面白くもない。

特に東アジアの今の状況なんて、子どもの喧嘩ですよ。金正恩は誕生日のお祝いにミサイル飛ばして、中国は南シナ海の覇権だと。どこも五〇歩一〇〇歩でしょう。昔から政治が嫌いで論評する気も起きないですが、それにしても最近はひどいです。

最近一番頭にきたのは、三二年間高校の保健体育の教師をやっていた人が、資格の取得をしていなかったというニュースです。教育委員会は、その間に授業を受けていた生徒たちの単位は認めたけれど、当人の給料をはく奪するかどうかの議論を始めている。三〇年以上なんの問題もなくて、しかも手続き一つ怠っていただけで、詐欺でもない。事の順序がわかっていないでしょう。物事の前後が逆転していることが多すぎます。いつも指摘していますが、小学校の先生は今、夏休みがないそうです。子どものいない学校に先生だけが通わなきゃいけない。先生の仕事は教育制度の維持であって、子どもの教育ではないことが、歴然としてしまっている。それを平然として進めている社会、教育委員会とそれを許しているPTAと、やっている教師たちはみんな共犯ですよ。

はっきり言って、こんな社会の部分はつぶれて当たり前だと思っています。私の小学校の同級生の奥さんが進行性の筋萎縮ですが、今の制度では一つの病院に三ヶ月以上いれないんです。それでも同級生は頑張って転院させずにいましたが、そうすると彼の息子のところに病院から電話がかかってくる。父親を説得しろと言うわけです。とうとう父親が私になんとかならないかと相談してきました。そこで私はある知り合いの病院の院長に引き取ってもらえないかメールを送りました。ところが院長からは、事務方と相談して決めます、と返信がきました。これが今の医療の基本的な問題で、何度も事務方と相談しなければいけない。結局、次の日に、引き取ることにしました、とメールが返ってきました。事務長からは、そんなカネにならない患者を引き受けたら赤字になってしまうと言われたそうですが、院長はそれでも引き取ると言ってくれました。思わずこっちはホロッときました。でもその後を訊いてみたら、やっぱり転院はダメだったそうです。

この問題は、先ほどの小学校の夏休みと同じではないでしょうか。子どものためにやっているはずのことが、教育制度のためにやっていることになってしまっているわけです。コンピュータがいい例で、本来は人間のためのはずが社会制度のためになっています。そのために人間側が顎で使われるようになっています。人間不在なんて言葉は使われなくなっていくでしょう。なぜならそれが当たり前になっていくからです。経済がまさにそうです。人がいて、食糧を消費します。余りはたい肥工場に行きます。それを畑に撒き、作物が獲れ、また人の口に入ります。するとまた余りが出て……と循環しています。経済的に見るとこうした循環が成り立っていますが、そのうち食糧が勝手に循環して、その一部を人間が食べるようになるのではないでしょうか。これが人類の進歩なのです。そのうちにたい肥にする食糧が足りないから増産しろということになるのではないでしょうか（笑）。そうなると私たちが食べているのはこの循環の付録だということになります。今の経済政策はとうにそのようになっているのではないでしょうか。

「科学は正しい」という幻想

V

人類史には、それを特徴づける大きなパターンが存在する。その探究は、有益な成果をもたらすだけでなく、探究するものを魅了してはなさない作業でもあるのだ。

――ジャレド・ダイアモンド
『銃・病原菌・鉄』倉骨彰訳

「科学的に証明された」とは

人体と国家というのは、私はどこか似通ったところがあると思うんですね。中国とアメリカというのは突出した大国ですが、人口が一三億人とか三億人とかいて、為政者は彼らをコントロールできると考えている。それ自体が異常な考え方だと思います。私から見たら、中国の国家主席もアメリカの大統領も、もし本当にそう思っているとしたら、まるで誇大妄想ですよ(笑)。

人間の体だって同じようなもので、六〇兆個もある細胞を、コントロールできるもの、支配できるものと考えている。でもそういう考え方は、私は、人間や科学者の〈傲慢〉なんじゃないかと思いますね。国家だって人体だって、管理できる数に限界はあるものだし、それを否定して、「いや、コントロールできるんだ!」と突っ走れば、それはおかしなことになるに決まっていますよ。

企業にしても同様で、社員や売り上げが増えて規模が大きくなると、たとえば家電メーカーは、テレビを作らずに、金融市場でお金を売り買いして儲けている。「そのほうが儲かる」「製品を作っていては割が合わない」ということでね。その考え方自体がもうダメですよ。人間にたとえれば「命はあるけど、体がない」というようなもので、非常におかしなことなんです。でも企業の中では、「それが普通だ」「それでいいのだ」というふうになっている。今は、そんな異常なことがまかり通っているわけです。

人は、「頭で考えたとおりにすればうまくいくはず」と思っているけれど、そんなものじゃない。私はこれまでいろんなところで言ったり書いたりしていますが、人間って〈意識〉で動いているように思うけれど、それは間違いなんですよ。一日の三分の一は眠っていて、その間は意識なんてないんですから。まずその時点で「〈意識〉には限界がある」と考えるべきでしょう。急性アルコール中毒になると意識がなくなることもあるけれど、「アルコールを飲み過ぎるとどうして意識がなくなるんですか？」って尋ねても誰も答えられない。だって、どうやって脳から意識ができてくるのかさえ、いまだにわからないんだから。

医者が手術のときに麻酔をかけるのも同じ。麻酔薬って、化学式で書くと「N_2O」（＝亜酸化窒素）で、すごく簡単なんだけど、それでどうして意識がなくなるのかはよくわかっていない。麻酔薬じゃなくても、頭を金づちで殴ったって意識はなくなりますよ。

そんな謎の多い〈意識〉をなぜ信用するのか。「科学的に証明されたから正しい」といったって、「科学的に証明された」と思っているのは科学者の〈意識〉でしかないじゃないか。寝たらなくなってしまうようなものが、いったいどこまで正しいのか。しかも意識は、自分で出たり引っ込んだりしているわけじゃなくて、睡眠やらアルコールやら麻酔薬などで、いわば〝あなた任せ〟で出たり引っ込んだりしているんですよ。

表現とは排泄行為

おそらく人間の脳って、必要以上に大きくなっちゃったんですよ。人間の筋肉って、使わないと退化していきますね。それと同じで、人間がものを考えるのは、でかくなっちゃった脳を維持するためなんです。だから脳が働くというのは、自己保存的であると同時に、非常に自慰的な行為なんですね。

刑務所などで独房に入れられた人が独り言を言い出しますね。脳は、活動していないと萎縮していきます。会社と一緒で、動いていないとつぶれちゃうんですね。人間が独り言を言えば、その音声が耳から入ってきますから、それをきっかけに脳を活動させられる。だから独房での独り言というのは、脳的には、病気ではなく、むしろ非常に健全、健康なことなんですね。私もしょっちゅう独り言を言ってます。だから独り言はごく自然な行為なんですよ。

本だって同じ。最初の段階では、聖書とか論語のように、対話の記録だったり、言語録だったのが、あるときから独白になってきて、そしてそれが著作になる。著作は、作者のつぶやきであり独り言。だから私は本屋さんというのは、病院の神経科の待合室だと言ってるんです。「俺に言わせろ、語らせろ」という独白のかたまりがデーン！と並んでる（笑）。

著作は、表現欲求の表れである一方、脳が健全に機能するためには、ある一定期間にたまったものを外部に出す必要があるわけで、その排泄物のひとつが本という著作物なんですね。演奏家にとっての演奏、作曲家にとっての作曲もみんなそう。人の表現って、完全に排泄行為なんですよ。だから、著作でも独り言でも、出したいときに出したほうが、脳的には健康でいられます（笑）。

分かれば分かるほど問題が増える

生物の進化を研究する人がいて、「ウマはこういうふうに変化した」ということがわかったとする。じゃあウシはどうなんだ、コウモリはどうなんだ、人間はどうなんだという話になって、何かが詳しくわかると、わからなくなることが実はたくさん出てくるんです。問題がムチャクチャ増えるんですよ。

それを私は、顕微鏡でものを見ていてよくわかった。顕微鏡で虫を見ると、虫が一〇倍に大きく見えます。当たり前ですね。すると何が起こるかというと、世界が一〇倍に増えるんですよ。その虫は一〇倍の拡大で見ればよく見えるけれど、他の虫がその分ぼける。一〇倍では見ていないんだから。それはつまり、「世界が一〇倍にぼけた」とも言えるわけです。だから科学で精密に調べると、調べた分だけ、世界が莫大になっちゃうんですよ。専門化して狭いところを丁寧に調べると、世界はますます大きくなっていく。だから私はそれを、「バカさ加減を拡大している」と言うんです。だってそうじゃないですか。本当はわからないことを増やしているんだから。

虫や細胞を顕微鏡で見るのが極小の研究だとしたら、星を、宇宙を望遠鏡で拡大するのは極大の研究です。虫と一緒で、ある星を望遠鏡で一〇〇倍に拡大すると、宇宙は一〇〇倍になるんです。他の星もその精度で見なきゃいけなくなりますからね。じゃあすべての星を見ますか？「星の数」っていうぐらい莫大な数を、たとえ誰かが見て報告したとしても、私は絶対にそんなもの読まないですよ（笑）。

世界って、そういうふうに複雑にできているんだけど、科学はそれを単純化して説明しようとする。それは、「こういう前提で、こういう結論にしておきましょう」と言っているにすぎなくて、ゆえに、前提が変われば結論なんて簡単に変わるんです。その程度のものなんです。だから科学者で、「これは正しい」って言う人がいたら、残念ながら私はその人を信用しませんね。

生物の進化って、卵から親になって、親がまた卵を作る繰り返しの中で、シーラカンスのように、四億年前とほとんど形が変わらないものもいるし、人間みたいに、陸に上がって、二足歩行してと、ダーッと変わっちゃったものもいる。人間は、変えることを進化のストラテジーにしたというか、「変わる」という戦略をとって、どんどん変わってきた生き物なんですよ。

そのときに考えておいてほしいのは、「一方にシーラカンスがいる」ということです。祖先が同じなのに、一方は変えないできて、一方は徹底的に変えてきた。だから生き物っていうのは、より生きやすくするために、「できることは全部やる」なんですよ。今のわれわれでは考えつかないようなことまでやっているに違いない。それもすべて、意識的にではなく、本能的にやってきている。

そういう人間が、「〈意識〉で、世の中のすべてをコントロールしよう」とかいうのは、私はすごく傲慢なことだと思ってますね。

私が解剖学を研究していたころ、高倍率の電子顕微鏡が開発されたんですよ。それで細胞を一万倍にして見られるようになると、調べることが猛烈に増えるんです。極端に言えば一万倍になっちゃう。そしてそれは学者には評判がいい。なぜか。研究対象が増えて、てめえの仕事を増やしてくれるから、失業しなくて済む。生きがいや食いぶちを増やしてくれる。それで研究者たちは、学会というのを作って、そこでお金を使っているんですよ（笑）。

研究対象が一万倍に増えて、それをいくら調べてみたところで、いずれ人間は死にます。一万倍の世界を、一生かけて丁寧に仕事をしたら、次の世代の人がその仕事をフォローするだけで一生かかりますよ（笑）。私は趣味で虫の研究をやっているからよくわかる。

「この人がこんなに調べてくれたおかげで、こっちのほうまで見なきゃならなくなった」と思うことがよくあります。珍しい虫を見つけたとして、この虫に名前がついているかどうか、つまり、未発見の虫かどうかを調べる手間がほとんどですよ。先人である研究者がデータを作ってくれたおかげで、そういう手間が増えちゃったわけですね。

『銃・病原菌・鉄』という本が世界的なベストセラーになった、ジャレド・ダイアモンドという生物学者がいるんですが、彼はもともと鳥の分類学者で、ニューギニアで極楽鳥の分類をやっていたんですよ。その彼がいちばん驚いたのは何だったかというと、自分がきちんと分類したつもりだった極楽鳥を、ニューギニアの先住民はすでに現地語でちゃんと全部区別していたということ。権威のある学者が専門的に調べようが、ニューギニアの先住民だろうが、極楽鳥の種類分けに関しては結論は同じということに驚いたんですね。それで、「これはやったってしょうがない」と思ったかどうかはわかりませんが、『銃・病原菌・鉄』の執筆のほうにいったわけです。学者が一生をかけた研究といっても、しょせんそんなものですよ。

〈意識〉は万能ではない

テレビ時代があって、ゲーム時代があって、今はフェイスブックの時代ということになっていますが、私から見ると、「ああ、脳の排泄器官が増えたんだな」という理解です。さっきも言ったとおり、脳が健全に機能するためには、たまったものを外に出す、という行為が必要になりますからね。それはそれでいいんじゃないですかね。あれこれ言う必要もないし、禁止したりするものでもないと思うし。「あるもの、できちゃったものは、しょうがない」というのが私の持論のようなものですから。

フェイスブックやツイッターをするのも、「なぜ生きているのか」「いつ死ぬのか」「人生とは、死とは何か」と考えるのも、ヒマだからするんですよ。それこそ、「明日食べるものがない」という戦時中には、みんなひたすら食い物を探してましたよ。なんとか食うものを見つけて、それらを食べて、「よし、今日は以上で終わり。寝る」みたいな暮らし方でしたよ。

今、東京都民はほぼ一〇〇パーセントが、病院で生まれるんですよ。それで、九二パーセントが病院で死んでるんですよ。病院で人生が始まって、病院で終わる。そこからすると、都民全員が、「今は、仮退院してシャバにいる」という、それだけのことなんですよ（笑）。人生とは、生とは、死とは、とかいろいろ言ってるけど、自分自身も含め、「お前らただの〝仮退院〟じゃねえか」って思います。シニカルにではなく、本当に、心の底から、私はそう思ってますね。

以前、ホスピス（終末期医療施設）で働いていた若い女医さんに、「ホスピスでいちばん上手に生きている人はどういう人だと思いますか？」と尋ねたことがあります。彼女の答えは、「その日その日を一生懸命生きている人です」というものでした。人間みんな、遅かれ早かれ、いずれ死ぬんです。そこだけは、みんな同じじゃないですか。

今日もおいしくごはんが食べられた。さあ、あとは寝よう——それでいいじゃないですか。それで十分じゃないですか。それを、「今日、今がよければいいという刹那主義」というのは違うと思います。刹那ではなく、一日一日を積み重ねていくこと。大事なのはそこだと思いますね。その部分に関しては、我が家で飼っている猫の「マル」に学ぶところがとても多いですよ。いや、マジメな話。

生きるの死ぬの、万能細胞がどうしたこうしたと言ったところで、人間の〈意識〉ができることなんてたかが知れてますよ。だって、人生の三分の一は寝ていて、その間、意識なんてなくなってるんですから。その程度でしかない〈意識〉を万能だと思うのは、やはり人間の傲慢さだと思いますね。

食べる。遊ぶ。働く。寝る——。そういう生き物としての基本部分に関しては、どうぞ犬や猫に学んでください（笑）。

面白さは多様性に宿る

VI

人間は、自分自身の努力によるわけではないとしても、生物界の最高峰に上りつめたことに対していくらかの誇りを持つことは許されるだろうし、人間がもともとその地位にいたのではなく、上ってきたという事実は、将来にわたってもっと高みにまで行き着けるかもしれないという希望を抱かせるものである。しかし、ここで問題にしているのは希望や恐れではなく、われわれの理性が発見できる限りでの真実である。

——チャールズ・ダーウィン

『人間の由来』長谷川眞理子訳

「単純」は「美しい」か？

『知のトップランナー149人の美しいセオリー』（ジョン・ブロックマン編、長谷川眞理子訳）を読んで、「美しいセオリー」はいろいろな種類があるなと思いました。私は昔から「真理は単純である」「単純なものは美しい」という二つのことに納得がいっていません。「真理は単純かもしれないけれど事実は複雑ですよ」と、いつも言い返しています。生物を研究すると真理を一口で言えない気がしてきます。もう一つの「単純なものは美しい」は、シンプルになると美しいということだと思いますが、シンプルなものはシンプルなだけで、美しいと思ったことはありません。それならごちゃごちゃしていれば美しいのかというとそれも問題ですが、この二つがごく普通に言われることだということはわかります。ひょっとすると使用している文字の問題もあるのかなと思います。アルファベットは単純ですが、漢字はかなり厄介です。そういう文化的な背景がないかとも考えました。漢字を使っているとごちゃごちゃしているほうが本当のような気がするのです。

「美しい」ことをテーマとして考えたことはあまりないですが、絶対に言う人がいるなと思ったのが、『知のトップランナー149人の美しいセオリー』でドーキンスも取り上げているダーウィンの自然選択説です。生き物が時間とともに変化する。それは発生と進化の問題です。ダーウィンは進化を扱っていますが、進化は基本的に実験室に持ち込むことができないので実証できない。だから発生を使うエボデボなどの進化発生学が盛んなのです。発生だけならば実験室に持ち込めます。では進化と発生の共通点は何かというと、動物の形が時間とともに変化することです。われわれが時間とともに変化するものをどのように頭のなかで扱い形式化できるか、あるいは記述できるか。その記述の仕方は脳みそがやるので時間の取り扱い方が問題になるわけですが、記述されたものは時間を含んでいません。ビデオに録画して繰り返し見ても同じ内容ですから時間は止まっています。そこに初めから矛盾があるということがわかるわけです。時間を含まない記述という形式でいかに時間を含んで記述するかという問題が根本にあります。

記述の仕方は当然あります。実は記述の仕方の根本になっているのは、記述したものの変化なのです。記述したものそれ自体は置換されていきますが変化はしません。そうやって考えていくと、記述の歴史そのものが生物の進化に投影されているのです。私は、自然選択説は情報の選択説であると理解しています。情報は単体で存在しますが、それが時代とともに生き残るかどうか、それを自然淘汰と言うのです。つまり、私が言ったことが環境に合わないとあっという間に消え、合っていれば生き残るという話です。

私が面白いと思うのは、いわゆる理学部系の理科で進化を扱っている人の議論です。例えば最近『分節幻想――動物のボディプランの起源をめぐる科学思想史』を刊行された倉谷滋さんの議論です。ゲーテから始まる分節構造が頭にまで出るということで、『分節幻想』というタイトルになるわけです。あそこまで書くなら私のように考えてもいいのではないかと思ったのですが、彼は理学部だから現実というものをある意味で事実として信じていて、私から見るとどうしてもそちら側に寄ります。「分節幻想」と書いているのだから全部「幻想」だと思えばいいのに、そうはしません。それをやると岸田秀さんの「唯幻論」になってしまいます（笑）。理科系で進化ということを考え出すと実証的ではなくなってしまうのです。

『分節幻想』には「先験的」という言葉がよく出てきます。例えば頭部は分節構造で変形したものであるということを、先験的に（transcendent）、つまり「経験に先立って」という意味で表現します。しかし、脳科学を考えに入れていないからそういう考えになるのです。「先験的」というのは人間がそうやって考えたということです。それに「経験的根拠がない」と先験的に決めているのです。われわれが経験してできてくるのであれば、それはむしろ経験的なのではないでしょうか。脳から出てきたものはちゃんと筋道をフォローできないだけで、経験に基づいていることは明らかだと思うのですが、そういうものを理科系の人は「先験的」というのです。やはり自然科学者の関心のなかに、まだ十分には脳の問題が入っていないのです。倉谷さんは苦労しながら「幻想」と言っているのでわかっていないということではなくて、脳をです。

考慮に入れた説明をすると、基本的には「先験的」という言葉は消えてしまうはずということです。

何を言いたいかというと「美しいセオリー」というのも完全に頭のなかのものだということです。それは「単純で美しい」という考え方に必ずなります。しかしもう一つ美しいものがあります。それは外界と絡んでいます。私がセオリーを美しいと思わないのは蝶や虫のほうがよっぽど綺麗だと思うからです。外界には綺麗なものはめちゃくちゃたくさんあるからそっちでいいじゃん、と思ってしまいます。人間が頭のなかで考えたことが綺麗だというのは、こちらの偏見かもしれませんがあまり気に入らないのです。それは要するに単純ということであり、冗長性がないということです。ドーキンスは『知のトップランナー149人の美しいセオリー』の論文を冗長性の削減から書き出していますが、本当に冗長性がないほうがいいと言うならば、ドーキンスの使っている英語も「I am a boy」の世界です。アメリカ人は「I」は絶対必要だと思っていますが、「I」は冗長ですよ。『種の起源』は英語で書かれているのに、なぜダーウィンが簡潔で美しいということになるのかと、八つ当たりしてみるわけです（笑）。

「美しさ」という倫理

とはいえ、混迷していてややこしかった問いを快刀乱麻ですっきり解けたら気持ちいい、それを美しいと思うのは非常によくわかります。ただ、単純になったからわかったという経験はありますが、私はそれを美しいと思ったことはあまりありません。本書の第Ⅳ章でイコールの話をしましたが、イコールで考えていくとほとんど解けるような気がします。そういう意味ではずいぶん単純になったと思いますが、別に美しいとは思いません。解けると嬉しいですし、アルキメデスが裸でシラクサの町のなかを走り回った気持ちはわかります。それが美と結びつく傾向があるのかもしれませんが、有名な絵や音楽は単純でしょうか。「真理は単純で、単純なものは美しい」というのは一九世紀的偏見だと思います。私だったら「多様なものは美しい」と言います。つまり自然の美しさです。自然のなかにも何とも言えない曲線の美しさというものはありますが、それは実は複雑なのです。あの微妙な美しい線は一つの式では簡単に書けないと思います。「y = x」と書いてしまっては直線になってしまいますから。その辺の美しさをどう考えたら「単純なものは美しい」ということになるのでしょうか。

「美しい」ということは非常に強い倫理観と密接に結びついています。東京の文化は典型的ですが、「こんな汚いことはできない」という言い方をします。つまり「美しい」ことはそのまま倫理になっているのです。美学と倫理学はくっついているのでしょう。その感覚は社会的に生きていく上で非常に大切なのではないでしょうか。正しいというのはおかしいですが、一般的な美的感覚を持っている人のほうが、人には絶対好まれるのではないでしょうか。しかし「世界は汚い」という感覚はちょっとおかしいと思います。何もかもそのせいにするわけではありませんが、やはり都市化したせいではないかと思います。自然は綺麗なもので、汚い自然というのはあまりないと思います。人が死んでいく姿や腐っていくところに注目すれば汚いと思うかもしれませんが、綺麗にさらされた骨は綺麗ですからね。そういうふうに考えると、まだ落ち着いていない中途半端な過程が「汚い」ということになります。

理性的な「美しさ」と感覚的な「美しさ」

私は美学の専門家ではないのでよくわかりません。特にアートの一番苦手なところは「美しい」ものとは何かがよくわからないという点です。ただ社会生活のなかで「美しい」ということはかなり効いていると思います。行動は綺麗でなくてはいけません。日本的倫理はキリスト教的な倫理とは非常に違っていて感覚的です。何か言うと「汚いな」と言っています。それは別の言い方をすると不道徳・非倫理的ということです。その感覚で見ているのではないでしょうか。日本の場合は視覚的な美しさが特に強いと思います。

それに対して、ドイツの文化は耳寄りなのではないかと思います。音楽も「美しさ」と非常に関係があります。あれだけ面白い音楽を生み出している文化ですから、文化全体が耳に寄っているなとずいぶん前に思いました。音文化という意味で日本は変わっていて、ドイツのようにグローバル化しません。音楽的な美しさと視覚的な美しさは感覚では別の捉え方をしますが、結局「美しい」という同じ感情が起こります。それを書いたのがニーチェの『悲劇の誕生』です。彼がアポロン的なものとディオニュソス的なものを分けて、その二つでギリシア悲劇が成り立っていると言いました。つまりアポロン的というのは明るくて理性的で透明です。これは明らかに視覚を指しています。ディオニュソス的というのはバッカスですから、情動的で激しくて行動に直接作用するという意味で音楽的です。音楽をかけて行進はできますが、歩いている人に絵だけ見せて「歩け」と言ってもなかなかできません。その対立・協同の上にギリシア悲劇は成立すると言いました。これは考えてみると目と耳のことです。

不確定性原理を発見したハイゼンベルクがほとんど同じようなことを言っています。ある土地を知るには二つの方法がある。一つはその上を飛んで航空写真を撮って地図をつくる方法、もう一つはその土地に直に踏み入って実際に歩く方法だと。航空写真は目で見ることを前提としていて、実際に歩く方法は体感して動きを聴き取るという意味で耳です。その二つの真理があるとハイゼンベルクは書いています。それが不確定性原理になっています。上から見て地図を描くというのはデカルト座標の考え方で、素粒子で言えば空間の一座標を決めるという作業です。素粒子の一座標を決めてしまうと運動量、つまり時間を計れなくなってしまい、逆に運動量を決定しようとすると、粒子がどこにあるか決まらなくなってしまうので、デカルト座標が取れなくなってしまう。つまり片方を決めると片方が決まらなくなってしまうという矛盾が、不確定性原理です。それは、目（座標）でずっと考えていくと耳（運動）のことがわからなくなってしまい、耳（運動）で考えていくと目（座標）がわからなくなってしまうということです。

この座標と運動の矛盾を一番綺麗に表しているのがゼノンの逆理です。これは一枚の絵を描けばすぐわかります。亀がA地点、アキレスがB地点にいてそれぞれの進む速さが一〇対一だとします。次の段階でアキレスがA地点に移動したら亀はC地点に移動しているとすると、A—B間をちょうど縮小したのがA—C間の距離ということになるので、もう一度A—B間で行ったことを続ければ、この逆理の意味がわかります。視覚は図式的にしか考えられないので図に位置を書くことはできますが、頭のなかで考えているだけなので図に運動（時間）は反映されません。このように私は目（位置）と耳（時間）と分けて考えることで納得しましたが、耳で考えると「走ってみれば追いつくだろ」と納得しないわけです。これはそのまま不確定性原理につながっているなと思いました。

「美しい」という感覚は脳で言えばおそらく情動系です。目と耳から入ってきた情報はそこに行くので、大脳辺縁系や扁桃体などの機能と深く絡んでいます。そこまで行くと神経回路と化学物質の関係になってきて、論理で説明する話ではなくなってきます。そこは立ち入っても無駄です。なぜかといえばごちゃごちゃになっているからです。情動は元来理性的な話ではないので、それを論理的に説明しろと言われても無理なわけです。だからアーティストは社会的には変な場合があります。科学者はどちらかというと理性的です。論理的に考える際、大脳皮質を大きく使うので、情動系はできるだけ排除しようとします。そういう人たちが「美しい」というのはおそらく「単純で美しい理論」なのでしょう。これは科学者が唯一言っていい情動の主観的な表現で、あとはまずいのだと思います。

私は具体的なものを見て美しいと思います。例えば絵画。ルーベンスなどを見ると綺麗に描くなと思う一方で、「見たものが美しい」ということを意図して書かれているように感じるので、逆に私はマックス・エルンストやジョアン・ミロ、ダリ、さらには漫画のような変な描写のほうが好きですね。美しさには科学者公認の「真理は単純で美しい」というときの「美しさ」と、感覚で感じる「美しさ」の二つがあるのではないでしょうか。後者は先ほどの「先験的」の話と同じで、こちらは経験的に「美しい」と言っているのに、「それは科学ではない。お前の主観だ」と言われてしまいます。真白に（経験がまだ全く入っていないという意味）生まれてきて遺伝的な構築は自然にできてしまうからそれこそ「先験的」と言わざるをえませんが、経験が入ってこなければどうしようもありません。

言葉が典型的です。ある適当な時期まで言葉を教えなければ、人間は言葉を使うことはできません。つまり言葉を使って話していることは実は先験的ではなく、根本は経験的なのです。頭のなかの美しさと、基本的に外界から入って来る感覚的な美しさはわけたほうがいいでしょう。頭のなかで考える場合、冗長性があると嫌になります。それを詰めていったのが自然選択説だと言いたいのだと思いますが、それは誰かが言ったことが大勢の人に合えば生き残るという情報に関する法則です。

ヘッケルは「個体発生は系統発生を短く要約して繰り返す」と主張し、繰り返した先に新しいものがついて進化すると考えました。これは完全に科学論文の書き方を述べています。つまり科学論文は「この問題について今までの学者たちはこう言ってきた」と書き出し、「それに私はこういうことを付け加えて発見した」と学問します。これはヘッケルの反復説そのままです。だからヘッケルの説は進化でもなんでもなくて、情報に関するルールです。それを生物に当てはめているのです。

ではメンデルの法則はどうかというと、「生物の形質はすべて記号化する」と主張し、黄色いエンドウ豆と緑のエンドウ豆をそれぞれAとaで書きました。ですから、生物の情報化の基礎をつくったのはメンデルです。そしてダーウィンが情報の運命を記述し、それを社会的に大きなスパンで広げたのがヘッケルです。すべて情報処理の仕方です。その三つの法則が一九世紀生物学の独自の法則だと考えられました。それは当然で、これらの法則は情報の法則であり、一九世紀には情報という言葉はありませんでしたから。今の時代から見ればそれは明らかです。

それが一方では生気論になります。みんな生気論をバカにしますが優秀な生気論を苦労して書いた学者の本をよく読んでみると、そこに書かれているのは今で言う情報の一言です。当時の物理化学には情報という概念はありません。生気論は生物にしかない独特なものがあるという主張ですから、それは情報です。物理化学的なプロセスで全体を説明する機械論の影響も非常に強くなる時代のなかで、実際に生物を扱っているとどう考えても機械論では説明がつかない話が出てきて当たり前で、それが情報というわけです。細胞は化学物質で成り立っているかという話は物理学的にできますが、情報はそうはいきません。その意味で一九世紀の生物学における情報に匹敵する現代科学の欠落は意識という問題です。意識を何も定義しないで考えているのですから酷い話です。

一期一会の美

「美しさ」の話に戻すとその感情は大脳皮質ではなくて情動に下がっていきます。脳で言えば下位のレベルにあります。そういう下位のレベルが人を動かしていて、たぶん大脳皮質を動かしているのではないと思います。大脳皮質で動いているのは軽い動作であり、意識と同じで場所は特定できませんが、本当のモチベーションは皮質ではないところにあります。「美しさ」

もそれに似たようなところがあって、「美しさ」がなぜ倫理と感じられるかというと、行動を決定するからです。若い人が言う「かっこいい」というのもそれに近いのではないでしょうか。結局個々の内容ではなく生き方の問題だと思います。情報の時代になってしまいましたから、多くの人が世界の認識の仕方を認識の内容だと思ってしまっています。テレビの質問は典型的で、問題に対して「賛成ですか？　反対ですか？」「Yes or No?」と尋ねますが、ほとんど白痴的です。認識の中身が絶えず問題にされてしまうのは間違っています。つまり「あなたが世界をどう認識するか」ということがあなたの行動を決めてしまいますよ、ということが重要なのです。だから認識が重要なのであって、認識の中身が重要なのではありません。「あいつが悪い」と思ったら「あいつをやっつけろ」という認識が正しいかどうかの中身はさておき、それがあんたの生き方か？　ということになります。認識の内容を混同するとおかしなことになってしまいます。認識の中身しか伝えられませんが、認識をする姿勢が問題なのであってそれが生きるということです。これはまさに時間を含んだ厄介な問題です。そういう意味では今の人はクリティカルな生き方をする局面が起こらないように安全・安心で生きているから、生きている気がしなくなってくるのです。「美しい」はある瞬間であっていつまでも美しいわけではありません。内容だと思う人はこの世はいつまでたっても美しいと思うのでしょうが、そうだとしたら見ていて飽きてしまいます。生きている瞬間の状態なので議論しにくい。内容は止められますし、どう認識したかという中身は記述できるけれど、どう認識しているかという姿勢の瞬間、時間のなかを動いていくプロセスは記述できません。「美しさ」はその動いているところにあるのです。

自然のなかにいるときと人間だけのなかにいるときは違うと思います。自然のなかにいるときはかなり許容度が高くなると思います。例えば、私が虫を採っているときは何が起こるかわからないから本当は危険です。いつ崖から落ちるか、天気が急変して帰れなくなるかわかりません。人間社会にいると意識的に把握されるような状況にしなくてはいけません。そのためには環境を単純化せざるをえません。だから都会はやたら単純になっているのです。それが本書の第Ⅳ章でもお話しした「同じ」ということです。だから私はよく「自然のなかに身を置け」と言うのです。そうすると感覚が開いてくるので、人間社会にいるときと話が違ってきます。状態が違っているのでどちらが良い悪いと比較のしようがありません。周りの環境を人工的にしてできるだけ感覚を絞り込むのは、生き物としては非常にリスクがあります。ただ、人以外にもモグラは地面を掘って生活しますし、ハダカデバネズミは地下で社会生活をしています。要するに生きるために自然を単調化させるのです。それはそれで有効な手段ではありますが、うっかりするとアリのようなある意味では非常に限られた生活になってしまいます。アリは何を美しいと思っているのでしょうか。そもそも動物は美しいと思うかという問題もあります。脳の深いところの機能はわれわれと彼らは似ていて、喜怒哀楽は完全にあるわけですから、美しいという感情もあるのかもしれません。ただ、こうしたほうが居心地いいから、感じがいいから石を置きなおすということはしない気がします。それは明らかに人間的です。

感覚によって得るという意味での日本型の美を、冗長性がないというイメージに当てはめていくと、茶室が浮かびます。茶室は余計なものは置きません。冗長性がまったくないものが美だとするならば、茶室は徹底的に冗長性を切り詰めています。日本人だから畳などに郷愁があるんだ、と言われればそれまでかもしれませんが、何か足りないような感じがします。この部屋は切り離されている感じがしますが、茶室は必ずしもそうではない。そう考えるとわれわれの美的感覚はある意味で冗長性を落としていて、ある一瞬の一期一会なのです。そう考えると人工的につくったものが「美しい」というのはつくった話ではないかという気がしてきます。日本人は感覚的にある一瞬を捉えたものが美しいと感じるのだと思います。

ヨーロッパの庭園は左右対称につくられ、視点を固定して観賞します。一方、日本の庭は歩くことを前提にした庭で、歩くたびに景色が変わることで多様性をそのまま表しています。変わらないわけにはいかないのです。そう考えると西欧の庭と日本の庭は対極な感じがしてきます。日本の場合、人工環境がそのまま原生林までつながっていきます。昔から言われることですが、切り離して人間社会をつくってしまうヨーロッパには、そういう意味での自然との一体感はありません。それは範囲を決めてここからは自分の場所だと城壁をつくってしまう都市型の考え方です。面白いことに、日本には堀はありますが城壁はありません。結局日本には、西欧風の大きな城壁を持った巨大な都市はできませんでした。

時の取り扱い方にもその違いが出ていると思います。時間とともに変わってしまうものは日本ではあまり修正などをしないで素直にそのままにし、ヨーロッパでは元の形に戻すことがどこかでいいと思っている気がします。だから「最後の晩餐」を描き直しているわけで、ボロボロになっているそのものがいいという感覚がないように思います。今は日本もそれに近くなってきています。

面白さは多様性に宿る

科学は美的センスでやっているのでしょうか。解剖は間違いなく美的センスが関係しています。電子顕微鏡の写真が典型ですが、その図像が科学的に正しいかどうかは、その写真が綺麗かどうか、つまりこんな汚いものが生物の一部であるはずがないだろという判断につながります。技術的に綺麗な写真を撮るということは、電子顕微鏡の切片の場合は至上命令でした。形態学の論文での写真の扱い方には二通りあって、言いたいことがちゃんと出ていればいいだろという証拠写真として提出する人と、それ自体を作品として提出する人がいました。この場合の「美しさ」は感覚的で、非常に強い基準です。形態学の世界ではこうした「美しさ」というのは日常感覚になってしまっています。汚い写真やゴミが写った写真は、論文に出せないということがあまりにも当たり前なので議論しなくなっているのです。

絵に描いてみると写真に写っていないものがたくさんあることに気づきます。写真はノイズが多いので結構難しいです。今は手ぶれ補正で完全にピントが合って撮れてそれはそれでいいのですが、肝心なところがよく見えないことがあります。一番わからないのが穴の奥です。例えば虫の触覚が入る穴を写真で撮ると、暗くて見えなくなってしまいます。電子顕微鏡で見ると、結構奥まで入っていたり曲がっているのがわかります。解像度で言えば普通の顕微鏡でも見えるはずですが、暗くなってしまうから見えません。一方、絵に描いたほうがちゃんと細部まで確認することができ、いらない部分は削ることができます。一長一短ではありますが。形態的なもの、特に生物の標本を扱っている人たちは、美的な感覚がまず真正面に出てきます。これはほとんど議論の余地なしです。私はそれが苦手でした。綺麗な写真が撮れないのです。当時は自分で現像していましたが、あれは職人の腕が必要です。

感覚的な「美しさ」という点では、やはり虫は面白いです。あれは「美しさ」なのでしょうか。どうしても惹きつけられてしまいます。面白いと言うしかありません。もちろん、間違いなく美しいのですが、それは単なる「美しさ」だけではありません。とにかく形や色、曲線やデコボコといった惹きつけられるものが美しい。これは理屈で言える話ではないし、人に伝わるかというと伝わらない。昨年『日本産ゴミムシダマシ大図鑑』が発売されました。大きいものから小さいものまで四〇〇種類以上、写真とともに全種載っています。ゴミムシダマシは甲虫のなかで代表的な形をほとんど含んでいます。だから「ダマシ」なのです。いろいろな形の種があって、昔はゴミダメと言われていました。形で分類するとどのグループの虫もゴミムシダマシのグループのなかにあります。逆にわからない虫はそこに放り込む。そういうものをきちんと図鑑にしています。「良い虫、悪い虫」「高い虫、安い虫」と勝手に分類していきますが、これはある種の美的な感覚です。珍しいということは大事ですが、ただ珍しいだけなら特に意味はなくて、そこに品があることが重要です。私は品の良い虫しか扱いません。結局虫の話になってしまいました。つまるところ「美しい」にはいろいろあるという話です。

虫のディテールから見える世界

VII

その時誰か忍び足に、おれの側(そば)へ来たものがある。おれはそちらを見ようとした。が、おれのまわりには、いつか薄闇(うすやみ)が立ちこめている。誰か、――その誰かは見えない手に、そっと胸の小刀(さすが)を抜いた。同時におれの口の中には、もう一度血潮が溢(あふ)れて来る。おれはそれぎり永久に、中有(ちゅうう)の闇へ沈んでしまった。

――芥川龍之介「藪の中」

虫のつながり

今年は、暇な時はほとんど昆虫採集に走り回っています。作物の出来不出来と同じで、ちゃんと見ていると虫の数にも毎年けっこう変化があります。ここのところは不作の年が多いんだけれども、今年は私の集めているヒゲボソゾウムシというのは非常に良かったですね。でもその理由はわかりません。セミと同じような生活をしていて、幼虫が土の中にいるんだけど、何年かかって親になるのかがまずわからないんですよ。セミと同じように何年かかかるのだとすれば、何年か前のが出てくるわけで、まずそういう問題があるでしょ。それに、今年気がついたのは、わりにブナの木の実の付きがいい。ブナも何年かに一度、豊作になるんですよね。それとも何か関係があるのかもしれないけど、そういう自然のことというのはまだほとんど解明されていません。

虫の研究なんて、他人の金を使ってやったら「バカヤロー」って怒られるから、自分でやるしかないんです（笑）。そのために箱根にこの昆虫館を建てたんだけれども、虫というのはわりとローカルにいるものですし、やっぱり生態系としてすべてにつながっていますから、同じ箱根の中でも、私にとっての新しい知識はどんどん増えます。たとえば先日も日経ＢＰの柳瀬博一くん（現東京工業大学教授）という人に車を運転してもらってこの辺を回っていたのですが、長尾峠の上に一本だけ妙に虫がたくさんいる木があるんです。何種類かの虫がついているんだけど、その種類はわからない。その中にいた小さい玉虫について図鑑で調べてみると、ダイミョウナガタマムシといって、アブラチャンに付くと書いてある。でもその木はアブラチャンじゃないんです。「どうも誰かが植えたみたいな木だなあ」とか言って、写真を撮って調べてみようという約束になっているのですが、そういう発見が次々あるんですね。

ご存知の通り、温帯圏では日本は生物多様性の一番高いところのひとつで、木の種類にしても相当多く、簡単には覚えられません。何十年も虫をやっている人は木についてもたいてい知っていますが、私は木に関心を持つ前に大学の仕事が忙しくなって虫から離れて、六〇になってからまた始めたので、覚えきれませんね。やっと（箱根・養老昆虫館の周囲にある）普通の木がわかるようになってきたぐらいです。

都市化と感覚的世界の衰退

私が三〇代の後半からは、大学も忙しくて虫なんてやっている暇はなかったのですが、当時虫をやらなかったもうひとつの理由には、環境の変化があります。あまりに猛烈な勢いで変わってしまったので、それをもう見たくないというのがあった。バブルの時やそれ以前の住宅建設。鎌倉なんて典型ですけれども、鎌倉市というのは山が古都保存法で保存されているのですが、尾根が横浜市との境になっていますから、尾根ギリギリまで横浜市側は住宅にしてしまう。それで、同じ山なのに尾根を境に半分が住宅になっているという、芝居の書き割りのような状況になってしまった。昔はその上に登ると延々と多摩丘陵が見えたのですが、そこが全部家になりましたから。もうひとつ、皆さんあまり気が付かないことですが、当時は下水がまだ完備していなくて、そこに洗剤が入ったものだから、家庭の排水が全部川へ流れ込んで、淡水の生き物が非常にやられた。加えて農作物に対してヘリコプターで薬を撒くということをやっていたので、ものすごい量の生物が死にました。ヘリコプターが通ったあと、田んぼの用水を腹を出した魚が大量に死んで流れてくる。そういうことを平気でやっていた。そんな中で虫捕りなんてしたくありませんでしたね。もし捕ったとしても、状況がどんどん変わっていっちゃうんだから、ひと落ち着きするまで何がなんだかわからないでしょう。それが今、やっと落ち着いたんですね。今も日本海側はナラ枯れだとかいってやっていますけど、さすがに空中散布はしていません。

生態系というものに対する知識というか感覚があまりにもなさ過ぎるという現実を、私はずっと「都市化」と呼んできた。都市というところには、ハエも蚊もゴキブリもいないのが一番いい。先週私は長野県の飯山に虫捕りツアーに行って、帰ってくる足で東京に寄り、新しくできた経団連会館での生物多様性の座談会みたいなのに参加しました。できたばかりでセキュリティがやたら厳重なビルで、座談会が始まって私が最初に言ったのは、「この座談会をやっている場所にはハエも蚊もゴキブリも一匹もいないじゃないか。それで何が生物多様性だよ」ということ（笑）。つまり、言葉が先行しているんですよね。今の社会や都市というのは概念先行ですから。政治も同じですけど、いくら議論しても頭の中をグルグル回っているだけで、面白くもおかしくもない。虫を捕っていると「何が面白いんですか？」とよく訊かれる。なぜそれを言葉にして説明しなきゃいけないんだ？　普通、「なんであんたあの子に惚れたの？」って訊くかね（笑）。訊いても意味がないなんてことは知っているよね。それがなんの世界かと言えば、無意識とか感覚の世界です。

都市化していくと、感覚の世界というものがどんどん衰えていくんですね。でも本人は自分の感覚がダメになってきているということに気が付いていません。私は今、白内障が来ているから、おそらく普通の若者に比べて世界の明るさが一〇分の一くらいになっていると思います。世界の明るさというのは常に自分が見ている明るさで、コントロールがありませんから、ゆっくり暗くなってくるので、暗くなったということがわからない。それを「見えなくなった」と言う。実際にトイレで本を読もうとしても、若い時だったら問題なく読めたのに、今は暗くて読めない。老眼で読めないと思われているけど、そうではなく、暗くなっているんですよね。

そういう自分の感覚自体が落ちてきたということが、都会生活ではわからない。すべてのものがそうでしょう。感覚の最大の特徴は、違いを捉えることですから。だから「違いのわかる男」というコマーシャルができたと私は思っているんだけど、あのコマーシャルの面白いところは、あれはインスタントコーヒーのコマーシャルで、どこで入れようがお湯と粉さえあれば同じコーヒーができるはずなのに、それでなんで「違いのわかる男」なんだよ？っていう、そこが面白いんですよ（笑）。

そういうことについては、「生物多様性」という言葉も同じです。ハエも蚊もゴキブリも一匹もいないところで生物多様性について議論するようなことを、話が宙に浮いていると言うんです。特にジャーナリズムとか出版社みたいに言葉を扱うことを職業にする人が、一度感覚に戻るという時にどこに戻すかということを、本当は考えていないといけないんですよね。ジャーナリズムに限らず、サラリーマンというのは基本的に人間の世界ですから、感覚からいっぺん離陸しちゃってるところの人たちです。違いを捉えるということがどういうふうにわからないかという例では、たいていのサラリーマンの家庭で経験があると思うんだけど、奥さんが美容院に行ったりバーゲンで新しい服を買ってきて着込んでいても、帰ってきて気が付く旦那はまずいません。つまり、状況が変化したということに気が付かない。子どもはより自然に近いから、すぐに気が付きます。だから現代のいわゆる社会人という人たちが生物多様性とか環境とか言っても、私は本当は無駄だと思う。基本的にその重要性を感じていないから。それこそ全然惚れていないんだからダメですよ。相手に関心がない。そもそもが鈍くなっているし、虫が出てくれば、「虫じゃないの」の一言で終わりですよ。

今日、私は煙草を吸いすぎてドアを開けていたのですが、たちまちアカハナカミキリが飛んできて、「ああ、夏だなあ」と思った。おそらく普通の人は、「あ、虫だ」で終わりでしょう。その虫がいつ頃出てきてどれぐらいいるのかなんて全然知らない。実は先にここの敷地で切った木を積んでいたところにアカハナカミキリは発生していたのですが、ドアを開けたらその虫が飛び込んできたというだけのことでも、そういうことが全部絡んでいるでしょ。それで梅雨明けだなあと思ったら、実際にそろそろそういう時期だったり。そういう世界の関連が消えてしまって、何げなく起こっている現象の本当のディテールの相互関係が見えなくなっちゃっている。その関係を付けるのは頭の中だけ、概念操作なんですね。

概念が席巻する世界

テレビの世界になった時に、大宅壮一が「一億総白痴化」と言いましたが、あれは違っていて、たぶん「一億総インテリ化」したんです。インテリというのはいわゆる二次情報のことをやっているけれども、肌で感じたことで物事に対処していくのではなく、頭で考えて対応している。テレビにしても、匂いもなければ風もなければ温度もわからない、そういう状況を画面で見て音声を聞いて、世界を掴んだつもりになっている。そういう世界はおとぎ話の世界と同じで、ものすごく当てにならない。「環境問題」なんて一言で環境を外の世界のことのように言うけれども、そうじゃなくて、環境というのは自分のことですよ。自分のどこが環境かと言えば、身体です。だって一億からの生物が住み着いているわけでしょ。カリニ原虫が肺炎を起こすエイズを考えてみればわかりますよ。免疫系が衰えてくるから病気に見えるのであって、カリニ原虫なんて誰にでも住んでいますから。ご存知のように、お腹や口の中にだって億単位の細菌が住んでいます。歯垢を取ってちょっと潰して顕微鏡で見れば、細菌がウヨウヨ泳ぎ回っていますよ。だから人間だって生態系なんだけれども、そういう意識はないでしょ。帰宅してうがいして手を洗ったりということをものすごい神経質にやっている人がいるけど、そういう人にはあんた自身が細菌の巣窟なんだという現実を見せてやればいい。そうしたら除菌グッズなんて意味がない（笑）。そういう人たちに向かって生物多様性とか環境とかいう話をするのは、私はもう嫌なんです。じゃあどうすればいいかって、外に連れ出すのが一番。「とにかくその辺を歩いてこい」って。

ここまで観念とか気分の世界になったのは珍しいことなのではないかと思いますね。それでも暮らせるようになってしまった。このあいだもテレビのディレクターが私がこんなことを言うものだから、「スーパーに行きましょう」と言いだしてスーパーへ撮影に行ったのですが、面白かったね。ニュージーランド産キウイとか南アフリカ産グレープフルーツとか、大きさがきれいに揃ったものばかりが並んでいる。あれをどう思っていますか？　実際に木に付いている果実は大きさなんて揃っていないのに、それをどうして揃えるのか。運搬の都合とか価格が付けづらいとか、いろんなことを言うけれども、結局はああいうふうにすることで、「この大きさでこの色でこういうものがグレープフルーツである」というように、感覚よりも概念を優先して、物のほうを概念化しているんですよ。だから賞味期限が過ぎたら捨てるでしょ。賞味期限なんてなんの関係もない。私なんか若い時に食糧難だったから、その頃は賞味期限の定義もはっきりしていて、食べ物が目に入った時が賞味期限、以上、終わり、だった（笑）。

今のような状態をまともな世界だと思っている人が九割以上になってしまった。こんな世界はどうしようもありません。いずれ石油がなくなったら間違いなく壊れる。私は石油がなくなるのを心待ちにしているんだけど、なかなかしぶとくてなくならない。だからタイとかラオスの田舎へ虫捕りに行くとホッとしますよ。なんにもないから。

私は都会の人には田舎に行け、参勤交代しろという提案をしています。定期的に田舎へ行って、一ヶ月でも三ヶ月でも帰ってくるな、と。あんな経団連会館みたいなビルで働いていたら気が狂いますよ。ああいう建物を作っている人たちは、あれをおかしいと思っていないのか。もしかしたら自分が入るわけじゃないからいいと思っているだけかもしれないけど。

環境とは何か？

みんな私が虫自体に関心を持っているけど、そうではありません。虫ってものすごく背景があって、その背景を一言で「自然」もしくは「生態系」と言い換えてもいいけれども、そういうものの一種の象徴として、虫を見ているんですね。それは一本引っ張ればゾロゾロゾロゾロ周りがついてきちゃう網の目のようになっているので、見ているときりがない。虫をやっていると植物のことがでてきて、じゃあ土の中はどうなっているんだろうとか、調べなくてはいけないことは山のようにあるんだけど、とても寿命が足りないということだけはわかっている。だから地面全部にコンクリート敷いちゃつて、建物の壁もコンクリートにして、中に人間の考えるもの以外、余計なものは一切置かないようにする。そういうふうにしちゃったほうがたぶん楽だから、そうしているんでしょう。でも残念なことに、身体がそうはできていない。だから具合が悪くなってくるんですよ。それさえも頭でコントロールしようとするから、医療費をやたらとかけて平均寿命が延びたとか言っているけれども、そんなのはとんでもない、実験室で飼っているネズミと同じです。毎日狭いケージの中でじっとしているだけの実験室のネズミの寿命がいくら延びたって意味はない。ブロイラーもそうだけど、私はそういうのは生きているとは言わない。

食べ物を摂取して外に出してしまう以上、自分の身体というのは環境とモロにつながっちゃっている。その「環境」ってなんだ？　ということが問題なんです。それはまず、言葉ですよね。皆さんにとっては、自分というものがちゃんとあると思っているでしょう。当たり前の話だけど、それを決めているのは脳みそ、特に左脳です。左脳には方向定位の連合野というのがあります。方向定位というのは、自分がどこにいるかということを位置づける、言ってみれば地図の座標を作ること。自分がどこにいるかを決めるためには、まず自分の範囲を決めなくてはいけない。だから皆それぞれ自分の範囲というものを持っているわけで、たとえばしょっちゅう杖をついて歩いている人の場合は、杖の先までが身体になっています。車も同じで、車を運転していてカーブをする際に身体ごと傾げるのは、その時は自分が車と一体になっているから。その場合、脳から言えば車自体が自分の一部になっている。だから自分の車を駐車している時に誰かがそれを蹴っ飛ばすと、自分はべつに痛くなくても怒るんです。面白いのは、その方向定位の連合野が壊れるケースです。そこが壊れると、自分として仕切っている範囲＝脳みそが仕切る範囲が意識の中から消えていっちゃう。そうしたら患者さんはどう感じ、まずなんと言うか？――「自分が水になった」と言うんです。水というのは形がなく、ズルズルとどこへでも行っちゃうじゃないですか。そのうち何が起こってくるかと言うと、自分と宇宙が一体化してしまう。それは当たり前のことで、自分が考えている範囲というのは脳が線を引かなければ全部自分だし、見ている範囲も自分。そういうふうに仕切りがなくなっちゃうと、宗教体験によくあるように、自分と宇宙が一体化してしまう。そうやって考えると、環境という言葉自体がまず、わざわざ立てたものなんですね。自分というものを立て、それと周囲を切ったという意味で。はじめからそんな切れ目なんて本当はありゃしないんですよ。それがいけないと言っているわけではなく、それに対して自分が切ったんだという意識がなくてはいけない。その意識がないと、「環境とはなんだ?」なんて議論を始めても、わけがわからなくなるだけです。

地球温暖化という問題

温暖化の影響云々なんていうのも騒ぎすぎですよ。温暖化そのものとして一番大きいのは、ヒートアイランドでしょう。都会が熱くなっている。ジャーナリズムは都会のものですから、ヒートアイランドを温暖化という問題に重ねちゃっているんでしょう。ヒートアイランドの原理については素人でも理解できますよね。つまり、車のエンジンであれだけ石油を燃やせば、年がら年中、火を焚いているようなものですから、莫大なエネルギー消費もあるし当然その分の熱効率も悪いから、それが熱に回って温まっているわけで、それはもうしょうがない。地球全体を直火で温めているようなものだもの。ただ、そういう状況が虫や自然にどう影響しているかなんて言っても、そんなに簡単な問題ではありません。生態系というのはものすごい複雑ですから、何が何の影響なのかさっぱりわからないというのがむしろ本当のところだと思いますね。

もしかしたら温暖化も自然現象かもしれません。今年は太陽の黒点がないので、寒冷化に向かうのではないかとも言われている。冗談だけど、そのうち二酸化炭素の排出権の取引じゃなくて排出割当が来るんじゃないか？　冷えてくると炭酸ガスを増やしてくれって（笑）。直接的には寒冷化のほうが問題は大きいですからね。歴史上、寒冷化の時代は飢饉はあるし、不穏な時代ですから。

ＮＨＫが数年前に「ツバルが沈む」なんてやっていたけど（ETV2002「地球温暖化で島が沈む――南の島ツバルの選択」）、常識で考えて、なんで太平洋のあそこだけ海面が上がるんだよ？（笑）そうしたら小田原の海岸だって海面が上がっていいわけだし、鎌倉だって砂浜が減っていいわけでしょう。でもそういう話はない。それと並べて「北極の氷山が欠けて落ちています」って、北極の氷が溶けたって海の水の増加にはなんの関係もないよ（笑）。南極の氷であれば、多いところなら二五〇〇メートルありますから、それが全部溶けて落っこちていると言うのなら、そりゃ海の水はかなり上がるだろう。それでも縄文時代には栃木県や群馬県あたりまで貝塚が出ますから関東平野という盆地のかなりは海で、東京湾も非常に広かったことがわかりますよね。だから一万年遡れば不思議なことではない。でも、どこまでが急速なのかというと、これがまたわからない。福田元首相が二〇五〇年までに温室効果ガスを半減させるとか言ったけど（「福田ビジョン」二〇〇八年）、そのあいだに今度は寒冷化しちゃったらどうするんだという問題もあるし、それまで石油がもつのかという話もある。

あの議論を通じては、一言も言われない、私だけしか言っていないことがあります。それは要するに、本気で心配しているのなら、生産調整しろということ。だって油田の在処も産出量も全部わかっているのだから、年に一パーセント削減していけば五〇年間で五〇パーセント、石油に関しては完全に削減できるじゃないですか。どうしてそれをやらず、モグラ叩きをやるんですか？　つまり、使っている人に使うなと言う。自分が節約したぶんを誰かが使っちゃったらそれっきりなんだから、それでは単なるモグラ叩きでしょう。年に一パーセント削減したって驚くような量ではないし、徐々に健全な状態に戻していけるというのに、それはやらない。本気じゃないということがよくわかりますよね。本気で心配しているのなら、元栓閉めますよ。さらに、どうしてそれを言わないのか？　特に日本の立場を考えれば、日本は金を出して買っているんだから。日本がいくら石油に金を使っていると思いますか？　その上でなんで文句を言われないといけないのか。

危うい「客観」

本当に今の世界は、年寄りから見るとわけがわかりませんよ。選挙にしたって、鉛筆で紙に名前を書いて箱に入れる――それを一回やるだけで世の中が変わるのなら、こんな楽なことはないでしょう。そんなものはおまじないと同じ。皆さんの行動が変わらなければ世界は変わりませんよ。人の名前を書いた紙を箱に入れて「ああ、これで世の中良くなるかもしれない」って、馬鹿じゃないの？　と言いたい（笑）。それではもう完全に祝詞（のりと）をあげていた古代人に戻っていますよ。言葉で世界が動くと思っているんですね。国会だってもう半年やっているけど、国会で何をやっているかと言えば、法律を作っている。法律というのは言葉ですから、言葉を変えたら世界が変わると今の人は思い込んでいるんですよ。冗談じゃない、言葉で変わるのは人間の意識だけですよ。

それがどこまで進んでしまったかと言えば、メールで友だちに「死ね」と書かれて死んでしまった小学生がいたじゃないですか。これは選挙と逆で、呪いの言葉ですよ。内田樹さんが「現代人には呪いが効くようになった」と書いていた。私にとっては自分の生き死にと言葉なんて、なんの関係もないと思っています。どうしてそういうことが叩き込まれているかと言えば、私が子どもの時に「一億玉砕」だといって特攻隊を前に出して一所懸命やっていた大人が、昭和二〇年八月一五日にコロッとひっくり返ってそんなのどこ吹く風になった。それを見ていたらわかるでしょう。いくら議論したって何したって楽しめるならいいけれども、人間が意識で考えていることなんて、その時限りのことなんです。

先日テレビを見ていたら、ＮＨＫが「客観報道」なんてまた馬鹿なことを言っていた。起こった出来事を言葉にして情報化し報道するということはどういうことか、考えたことありますか？「昨日××で火事がありました」と記事にするということは、一体何をやっているのか。つまり、そういう記事を書いたって、起こった火事そのものは微細な点に至るまで一切変更しようがない。それをわざわざ言葉にするのはなぜか。二〇年前に天安門事件というのがあったけれども、あの時、天安門広場には一〇〇万人からの人々がいた。でもその一〇〇万人の人たちは皆、本人以外の人を見ていたのだから、それだけでも明らかに全員で違うものを見ていたのだということに気がついた。私が言いたいのは、客観報道と言っているけれども、皆が違うものを見ている世界で、事実を客観的に伝えるなんていうことは本当にできるのか、ということ。テレビの映像なんてカメラマン個人の視点なんですよ。カメラが二台あったら、そのどちらの映像を流すかを誰かが決めなくてはいけない。そうしたら四六時中、全国津々浦々に個人の視線の画像を流し続けて、そのどこが客観報道なのか。そのくらい当たり前のことでも、感覚についての話が今は通じないんですよ。普通に話をしているような場合だってお互いの顔を見ているのだから、見ている世界は違うでしょという単純な話が、ごまかされている。

芥川龍之介が『藪の中』という小説を書いて、それを黒澤明が『羅生門』という映画にしました。あれに出てくる三人の登場人物は、言うことすべてがディテールまで食い違っている。西洋だとそこから物語が始まって証拠を集めて統一見解を出すという推理小説になる。だけど日本の小説はそれ以前で終わる。しかもそれが世界的にあれだけ有名になったのはどうしてかということを、もう一度考えてみるといいと思う。つまり、芥川や黒澤が描いた世界が、当時の世界の人々にとってはショックだった。今は日本人があれを見てショックを受ける時代になっているのではないか。今の日本人はもしかしたら、何か正しい答えがあって、全員がそれに向かって統一されていくのが理想だと思っているのではないでしょうか。

家庭の中でも、子どもと親は違うものを見てきたはずなんだけれども、そういう意識が今はないのではないかと思う。親が何を見ているかと言うと、子どもが大きく成長していく姿を見ている。対して子どもは、だんだん年老いて弱っていく親を見ている。その二つの世界がどうして同じなのか。でもそれを同じだと思っているのが現代人。「環境」という言葉の危なさもそこにありますよ。「同じ環境にいたんだから」、年頃になって親子の意見が食い違うと、お互いの中身＝価値観と性格が違うという結論になりますが、そうではなく、見ていたものがまったく違うだけなんです。でも現代社会に生きている限り、「同じ環境」にいたら同じものを見ていると思い込んでいる場合がほとんどなのではないでしょうか。

今の若い人は一日に三〜六時間ぐらいインターネットをやっている。インターネットの中にある情報だって全部、済んでしまった火事なんですよ。そこにはこれから起こることは入っていないんだから。もし何かが起こるとしたら、誰か人間が入れるんです。そして止まって、また誰かが変えるまでそのままになっている。そういう世界に一日三時間以上入っているということは、何をしているのかわかりますか? 私の講演には年寄りが多いから、いつもこう言っています。「時代に遅れないようにNHK等のニュースを見なさい。ただし、見終わったら一言付け加えてください。『とはいえ、済んでしまったことだ』と」。そういう意識を持たずに、ニュースやインターネットを見て、何か新しいことが起きていると思っていませんか? あらゆるニュースは済んでしまったことです。ということは、インターネットをずっと見ているということは、徹底的に過去に頭を突っ込んでいるということですよ。根本的な鬱病の原因はそれでしょう。過去だけを見ていたら、人間は決してそれを動かせない。それを動かそうとしたら、言葉を使って「あれはこうだった」「これはああだった」と言い換えて、人間の意識が動くだけです。

知らないことを伝えるということを今は「情報の伝達」とか言っているけれども、じゃあ知ったら何になるのか? 基本的には、実はなんにもならない。では言葉はなんのためにあるのか? 言葉は必ず、動かし難い「起こってしまった出来事」にいろんなふうに付け加わります。起こった出来事はおそらくひとつですが、たとえば『羅生門』であれば、そこに三人の言葉が付け加わる。そういうふうに、起こった世界に言葉が付け加わったもの=人間にとっての全世界です。だから、言葉の付け加わり方は世界を豊かにする、というのが私の結論です。事件だけであったらそれだけの話だけれども、それに「こういう見方がある」「ああいう見方もある」と言葉を付けていくことで世界がその分だけ豊かになる。だから言葉を使う人はその意味で自分は世界を豊かにしているのだと思っていないといけない。しかし今は、新聞にしてもテレビにしても雑誌にしても、そんなふうに思っているわけがありませんよね。それが売れない根本の理由でしょう。報道が間違っている時には「客観性がない」とかいって喧嘩しているだけで、早い話が重箱の隅を突いているか他人の非を挙げ連ねているだけ。こんなことをしていたって周りの人は面白くもおかしくもない。

気まぐれを排除する社会

言葉というのは、どういうふうに世界を豊かにするかというために我々が持ったのだろうと思います。言葉をいかに増やしても、出来事自体は変わらない。でも、言葉で人間の意識を変えることによって、世界が複数化して豊かになっていく。客観性を大事にしますけれども、客観的でしかもひとつしか真実がないという考え方を科学が採用すると、世界がそのぶん貧しくなります。理科系の世界というのは、本来は緑の野原だったはずの世界を灰色にしてしまう。その理由は、客観性というものをあまりにも単純に見ているからです。そんなものは実はない。

同じ経験を二度しようとしても無理でしょう。なぜなら自分が年を取ってしまうんだから。世界の一回性といわゆる客観性や普遍性というものは、両方とも絶えずパラレルに存在している。しかしそれが嫌だから、「これが本当だ」と全部一括りにして、どっちかにしたがる。一億玉砕にしたってそういう発想でしょう。でも実際はそうはいかない。じゃあてんでんばらばらかと言うと、それでは話にならない。いつもそのあいだは緊張関係にあります。でもその緊張関係がどんどん抜けてきて、金儲けとかそういう実用的なほうへばかり向いてしまっている。

そこを回復してくれる一番いい方法として私は、自然に親しんだらいいと言っている。自然にはディテールがいくらでもある。人間の作ったものなんて止まっちゃっていて面白くないけれども、虫はそうではありません。どんどん動く。一匹ずつ捕まえてくれば、その一匹一匹が困ったことにそれぞれ異なっている。それをなんとか同じ種類としてまとめようとしたり、違う種類として分けようとする。違う種類として分けるといっても、たくさんの個体があるわけですから、AとBが共通して異なっていたり、絶えず違いと同一性のあいだを往復している。ここにも緊張関係があります。面倒臭くなると、「こんなの似てるんだから同じ種類でいいじゃないか」と言う奴が必ず出てくる。でも細かく見ていくと、「やっぱりこのふたつは絶対に違うよな」となる。つまり、感覚と概念の相克ですよ。そういうことはどこにでも必ずあることで、人間の脳みそが感覚器を持って意識を持っている以上しょうがない。それをしょうがないんだよといって終わりにしてしまったら面白くもおかしくもないけれども、実際の作業に持ち込むと、面白いんですね。

違いがわかるということは、ディテールがよくわかるということでしょ。ディテールというのは、人間の世界で保存していると傷つきやすい。大勢の人間がいるために、必ず意見の違う人や違うことを言う人がいて、敏感な人はそういう時に傷つきやすいんです。だから、都会の人間はそういう時にどうするかと言うと、できるだけ鈍感になっていく。鈍感になるためにはどうするかと言うと、できるだけ気がつかないようにして、考えをできるだけ同じにする。そうすれば違いが目立ちません。しかし、その中でも許される違いというのがあります。それは感覚の違いではなく、概念の違い。なぜかと言えば、それは概念であることに変わりはないので整理の仕方の違いということにできるから。なんだか難しいことを言っているようですが、馬鹿みたいな話です。

私は今、それが禁煙問題に一番よく表れている気がする。今は煙草が嫌われますが、その理由がわかりますか？　非常に具体的には、エアコン社会になったからですよね。あと、昔の家は隙間風が入ってくるので関係なかったんだけれども、窓もサッシになって全然空気が漏れなくなってしまった。冷暖房の効いた車内なんかで煙草を吸われたらたまらないですよね。自分で吸っていても臭いですから。だから、ビルのような環境に住んでいる人が禁煙だと言うのはわかる。そのかわり、そういう環境に住んでいる人たちが考えなくてはいけないのは、換気の大元にサリンやインフルエンザウィルスを撒かれたらそれっきりだということ。つまり、多様性を消していくと、一点に寄りかかることになるから、ものすごく危険な生活をすることになってしまうんですね。さらに、煙草が嫌われるのは、いつ煙草に火をつけるか、その行為をいつどうして起こすかということが読めないからです。それは言ってみれば、完全にランダムで気まぐれな行動です。儀式のあいだに煙草を吸う奴がいないのは、儀式の時空にランダムな行為を持ち込んではいけないから。そういう気まぐれな現象は、それ自体の理由がわからないから、時間とか場所を制限して管理して、都会から排除しようとする。そういう管理社会というものをちゃんとやろうとすればするほど、人間は不幸になって、鬱病が増えていく。

「先生はどうして虫を捕るんですか?」とよく訊かれますが、それも同じことでしょう。「気まぐれでやっている」では返事にならないんです。自然というのは天気の具合でも風向きでも、本当に勝手。こっちが責任を持てないんだから、気まぐれそのものですよね。その気まぐれの世界をどれだけ許容できるかというのは、朝になって動くか動かないかを決めればいいんです。計画通りやらなければならないなんてみんな苦労しているけれども、途中で死んだらどうするんだ? と言いたい(笑)。いくら人間が都市を作って管理することに努めても、意識は人がいつ死ぬかということを知らない。どんなにやらなくてはいけないことだと思っても、それは九割までですよね。残りの一割には死んでしまうという可能性が入っている。私の歳なんかになれば、本当にそれは必然になってきます。一〇年先までにこういう仕事をしようなんて思ったって、冗談じゃない、一〇年先なんてどうなっているかわかったものではないんだから、いかに予定を立てても意味なんてない。虫というのはそういうすべての象徴で、人間が作り出していく意識的な世界の対極にある。その両方を合わせて世界全体なのですが、人間の意識だけに任せておくと、中に一匹も虫がいないような経団連ビルを作っちゃう。そういう世界に暮らして「何かがおかしい」と皆が言っている。おかしいのはお前だよと言いたいですね（笑）。

参勤交代による内需拡大のススメ

私は食べ物はない、冷暖房はない、なんとか自分で生き延びる手を考けなきゃいけないというような甚だ乱暴な時代に育っています。そういう人間はもうどうでもいいんだけれども、今の若い人たちが心配です。そういう状況になったらどうしたらいいかわからないでしょう。すぐ適応するとは思いますけどね。説教したって意味はありませんから、本当に参勤交代して一ヶ月ぐらい都会の仕事を休んで田舎へ行って、農繁期であれば田んぼの草を抜いたり、杉林の間伐をやったり、要するに国土保全をやればいいと思います。そうすれば身体が復活し感覚が戻ってくるでしょう。週末にゴルフなんてくだらないことをしに行くのなら、杉林に行って働いたって同じことでしょう。つまり、ゴルフをするということは、身体を動かしたいという欲求は残っているということなんです。そして実際にやったら気持ちがいいから、勝ち負けなんて関係なくやっているわけです。

政治的にも今は東京一極集中ということで非常に問題が大きくなっているので、それをある程度人工的に逆転させるしかない。参勤交代をすれば日本中に人が散らばるし、それによって内需拡大になる。経済の奴らはお金でものを考えていますが、江戸時代の参勤交代で街道筋がいかに栄えたかわかるでしょう。あんなもの行列が行ったり来たりするだけで、それ自体には意味はないんです。温泉回りが盛んだったのも、平和になってくると内需を拡大しなくてはいけないから、必然的に都会の生活に欠けているものを補おうとする。私は今の鬱病の流行り方を見ても、これは並の状況ではないという気がするから、それを絶対にやるべきだと思いますね。山に行って「俺は山がいい」と言う人がいれば、その人はそのまま住んでしまえばいい。そうやって再配分すべきだと思う。それに、日本は災害列島ですから、いつ東京で震災が起こるかわからない。今の東京で震災が起こった場合、猛烈な数の難民が出るでしょう。まず水が来ないのだから、当分トイレが使えません。そういう場合に、あのコンクリートの街でどうするというのか。その後ひと月どうするかという話ではないんですよ。だから、必ず田舎を作っておけと。そこは公式に二重居住権を作って、東京に住んでいる人も××県××村の所属ということにして、東京が実際に住めなくなった時はそちらに帰って当分のあいだやる。

経済政策をどうするかとか国民全員に給付金を撒くとか、そんなことやっている場合じゃないでしょう。政治の課題というのは、目的は金儲けではないんだから、そういうニュートラルなことを設定しなくてはいけないのであって、それで皆が動けばひとりでにお金がついてくる。それが成果でしょう。平安になったらそれを人間が作るしかないんですよ。そこを興味とか関心とか面白さとかでやろうとしているのが見せ物やゲームですが、そういうものには限度がある。興味のない人には通用しないんだから。でも「田舎に行け」というようなことには強制力があります。言っておきますが、フランスではそれを「バカンス」と呼んでいるんですよ。彼らがバカンスで田舎に行って何をしているかと言えば、賃金をもらってブドウ畑でブドウを摘んだりしている。若い人は「うちの会社から始めましょう」と提唱して、そういうことをぜひやってください。……なんてアホなことを考えるのも、虫を捕っているせいです（笑）。

ファーブル賛歌

Ⅷ

夜の八時頃になると、猛獣どもは洞穴(はらあな)の隠れ家から出てくる。彼らはちょっとのあいだ、鉢(はち)のかけらの隠れ家の入口で足を止め、あたりの気配をうかがっているようである。そのうち、あちらからもこちらからもサソリたちは出てきて、それぞれ尻尾をくるりと巻き上げたり、あるいは真っすぐ伸ばしたまま、先だけを反り返(そかえ)らせて引きずったりしながら、うろうろ歩きまわりはじめる。そのときの気分しだい、出会ったものしだいで、サソリたちのとる姿勢(ポーズ)は決まるのである。

——ジャン＝アンリ・ファーブル
『ファーブル昆虫記』奥本大三郎訳

ファーブル研究所があっていい

一〇年ほど前にパスツール研究所の創立三〇周年記念ということで、フランス大使館から講演を頼まれた。私はもうボケているから、話の詳細は覚えていない。でもパスツールとファーブルを並べて論じたことは記憶している。そうしたら講演の後で、大使館の人に「先生にはパスツールの話をしてくれと頼んだのに、ファーブルの話ばかりしてましたね」と言われてしまった。

パスツール研究所はあるけれども、ファーブル研究所はない。そういうことを考えると、私はコン畜生と怒りたくなるのだが、むろんその怒りに一般性はない。フランス大使館も同情してはくれないであろう。パスツールは人類の役に立ったけれども、ファーブルは役に立っていないからである

でも実は私は、それは全人類的な誤りだと思う。パスツール研究所があるなら、ファーブル研究所があっていい。むしろなくてはならない。そう言うべきであろう。ファーブル研究所がないことが、全世界的に現代人の不幸を招いている。そう思うからである。

ファーブルは自分の目や耳、直接の感覚を通して、虫の世界、つまり自然を観照した。その結果、実に様々なことを発見した。

突然だが、昨年台湾に行った。台東の近くの山中で、道の上でフンコロガシが糞を転がしていた。みごとな真球だった。カメラを携帯していたので、道に寝転がって、その写真を撮った。この採集旅行中に撮った写真は、それ一枚だけである。ファーブルもフンコロガシの写真を撮っていたと思う。だれだって撮りますよ、あれは。

現代人の錯乱

現代人は感覚を通して世界を受け入れることをしない。そんなことはないよ。テレビを見たって、新聞を読んだって、ケータイだって、目や耳が働いてなければ、どうにもならないじゃないか。そういうことではない。いまでは目や耳から入れるものは情報だけである。その情報とはなにか。意味をもっていることである。情報は常に意味に直結している。意味に直結する感覚入力を情報と呼ぶのである。

台湾の山中で糞を転がしている虫に、どんな意味があるのか。断じてない。だからそれは情報にならない。でも虫は断固として糞を転がす。そこでしょうが、問題は。フンコロガシは糞を転がすことによって、世界の、あるいは宇宙の、そして全存在の意味を問うている。現代のバカはそれがわからないから、虫を踏みつぶして終わる。

オフィスの中、マンションの部屋の中に、無意味なものがあるか。石ころがあるか。水たまりがあるか。草木が生え、根が張っているか。現代人はそういうものを徹底して排除する。そして「意味に囲まれて」生きる。だからそういう場所に絶対に出てきてはいけないものが発生する。それがたとえばゴキブリ。なぜ大の男が血相を変えて、あのどうでもいい虫を徹底的に排除する行動に出るのか。意味が不明だからであろう。ただいま、この瞬間、なぜゴキブリがここに出現しなければならないのか。しかもあの姿形の意味がわからない。なぜ昔の番傘みたいな色なのだ。保護色だというなら、番傘と一緒に絶滅すればいいではないか。なぜやや扁平なのだ。あの動きはどういう意味か。歩くつもりか、飛ぶつもりか。ああいうものを見せられると、現代人は錯乱する。あってはならないものを、発見してしまったからである。その錯乱が、ゴキブリ退治という、徹底的に錯乱した行動を引き起こす。

現代人は意味に包まれて生きるのを、暗黙のうちに当然としている。だから身の回りに無意味なものがないんでしょうが。石ころの一つも置いておけばいいではないか。机の上に石ころを置いて、存在の意義を考えなければならない時代になったのである。

だからパスツールではなくて、ファーブルなのである。でもフランス大使館の人はこんな文章は読まないであろう。それに現代のフランス人だって、もっぱら意味に包まれて生きているに違いない。

生物学の三つの法則

ファーブルはダーウィンと意見が違っていた。それは有名だが、なぜそうなるのか。これには深い意味がある。私はそう思う。それにはダーウィンの仕事とは、そもそもなんであったか、まずそれを考える必要がある。

一九世紀に生物学の分野で発見された三つの重要な法則がある。メンデルの遺伝に関する法則、ダーウィンの自然淘汰説、ヘッケルの生物発生基本原則（反復説ともいう）である。これら三つの法則は、明らかに物理化学の法則ではない。じゃあ、なんなのだ。

どれも実は情報に関する法則である。メンデルは黄色いエンドウ豆をA、緑のエンドウ豆をaと書いた。遺伝子は両親から一つずつもらうから、遺伝子型はAA、Aa、aaの三つになる。それをそれぞれ掛け合わせると、どうなるか。それだけの話である。そのどこが立派な法則なんだ。単純な順列組合せじゃねーか。生意気ざかりの中学生だった私はそう思った。でもそれは違う。中学生は中学生なのである。メンデルの天才は、生物の形質が記号化できることを示した。中学生の私は、そんなこと、夢にも気づかなかったのである。メンデルはエンドウ豆をアルファベットの集団に変えてしまった。これが情報化の基礎でなくて、なんであろうか。それまでは黄色いエンドウ豆だったものが、Aになったんですよ、Aに。

念のためだが、一九世紀には「情報」という概念がない。一九五三年のワトソンとクリックのDNA二重らせんモデルの論文で、インフォメイションという言葉が正式に登場するのである。ところが生物から情報という概念を抜くことはできない。そのために、一九世紀の生物学者は、様々な苦労をした。なぜなら当時の自然科学は物理化学中心であり、いうなれば物理帝国主義だったから、情報なんてものがまさか生物の中心を占めているなんて、夢にも思わなかったからである。たとえばそこで生じたのが、生気論批判である。ハンス・ドリーシュは発生学者で、生気論者として知られている。米本昌平さんはドリーシュの本を翻訳して、要するに彼が言いたかったことは、今日の言葉でいえば「情報」だったとしている。生気論とは、生物には非生物にはない特別な力がある、というもので、私が教わった時代の生物学では、一八世紀以来の「時代遅れ」の考え方だとされていた。いまになればわかるが、話は逆である。一部の生気論者は先駆的に過ぎて、当時の科学者には理解されなかったのである。

さて次はダーウィンの自然淘汰説である。私はここで名論卓説を論じているのだが、これが読者である皆さんの脳という環境に合わないと、直ちに自然淘汰されてしまう。逆に世間に流布する逸話というのは、どんどん尾ひれがついて、話が面白くなっていく。これでしょ、自然淘汰による生物の進化というのは。生物を情報として見れば、情報に関する経験則が出てきてしまうのは当然ではないですか。
自然淘汰というのは、生物を情報として見た場合に、そこにかかってくる法則である。いちばん明瞭なのはいわゆる擬態であろう。自然淘汰説の上では、擬態は捕食者の脳がだまされるのである。これって、情報そのものじゃないですか。オレオレ詐欺なんて、電話一本ですからね。

生物を情報として見なければ、自然淘汰はかからない。だから自然淘汰説には、様々な反論が生じてしまう。だからと言って、自然淘汰が成り立たないというわけではない。生きものを情報として見るかどうか、要は生物に対する見方の問題である。こういう理屈って、なかなか理解してもらえませんね。なぜなら科学者は結局は唯一絶対の客観的現実なるものを信じているからである。まさか「自分のものの見方」だなんて思っていない。唯一の客観的真実があるとしても、それを知っているのは、全知全能である唯一絶対神だけだから、これは実は信仰だが、大方の科学者はそう思っていない。それは私のせいではない。

次はヘッケルの生物発生基本原則「個体発生は系統発生を要約して繰り返す」である。このくらい明瞭な情報的言明はない。だって、この法則そのものが学者の論文の書き方なんですからね。ある主題を研究するにあたって、当該の研究者は先人の業績、つまり系統発生を序文で「短く要約して繰り返す」。その後に自分の所見を多少とも付け加える。それで学問がその分だけ進歩する。ホラ、それって進化そのものでしょ。

自然のなかの科学

こう考えてみれば、一九世紀の生物学の法則とは、情報学の経験則とでもいうべきものである。以前この話を『人間科学』という本に書いたら、池田清彦さんに「面白すぎる」と評されてしまった。でも私自身はこれで大過ないと思っているのである。

さてここで、パスツールとファーブルに戻る。パスツールは七つの大きな業績を上げている。そのいずれもが、同じパターンで問題を解決している。パスツールの場合、問題自体はあらかじめ与えられている。他人から何とかしてくれないかと頼まれたり、学界の懸賞問題だったりするのである。そこで彼はまず先人の業績を徹底的に集める。つまり情報を収集する。次に現場を観察する。そこで仮説を立て、その仮説の是非を決定する実験を行う。

科学にも、時代によって突飛な考え方がある。今日では進化論が大流行りだが、当時流行っていたのは自然発生説であった。しかし、球形フラスコを、ある場合には消毒し、別のある場合には消毒をしないでおくなど、意図的に条件を変えて、単純明快かつ厳密な、素晴らしい実験を行なうことによってパスツールは、腐った物の中で化学変化が起きて生命が発生するという、愚かしい自然発生説を永久に葬り去ったのである。

——『完訳ファーブル昆虫記』第九巻下

ファーブルは出だしが違う。だれに頼まれたわけでもない。問題が虫の形をとって、向こうからやってくる。それを解決するやり方はパスツールに似ている。でも情報はほとんどない。問題を立てるところから始めて、すべてを自分でやってしまう。だれに頼まれたわけでもないから、他人の役には立たない。これが私は実は大好きである。

現在では科学は社会に取り込まれたものになった。自然から立ち上げて、答えを自然に返すような仕事はあまりない。公共のお金を使うから、仕方がないのであろう。つまらない世の中になりましたなあ。

あとがき

昨年で八〇歳を超えた。親しい友人が次々にいなくなる。飲み友達が先に死ぬような気がする。酒を飲んで、十分に生きた人から、先に死ぬのかもしれない。私は基本的には下戸（げこ）だから、思う存分、十分には日常を生きられない。あれこれ、用心する。結局、なにかに縛られ、我慢して生きているのであろう。その分を取り返そうとすると、長生きするしかない。

歳を経るごとに、強く思う。語っても書いても、つまり世界を言葉に映しても、あまり意味がない。そう思うから、私は本来の文筆家ではない。実際になにかをすることの方が面白いし、勉強になる。修行になると言ってもいい。おしゃべりは修行にはならない。

じゃあ、なんで書くのか。頼まれたからだ。それが言い訳だが、頼まれたって、断ればいい。断らないところを見ると、書きたいのであろう。自分で読み返して、立派なことを書いてらあ、と思うこともあり、恥ずかしいと思うこともある。でもいったん書いて公表したものは、仕方がない。その後、意見が変わったかもしれないけれど、そのままにしておく。

神は詳細に宿る。「まえがき」に記した、この話を続ける。この言葉の原義は、自然の詳細を見て驚き、そこに造物主の存在を見る、ということであろう。以前にネットで「昆虫の関節は歯車関節だ」と書いたことがある。最近驚いたことに、ウンカの仲間の肢に、本当に歯車が見えることがわかった。「mechanical gears in jumping insects」をネットで見ていただきたい。

人の脳は歯車を作り出したが、昆虫の遺伝子系も歯車を作っていたのである。生物は二つの情報系を持つ。一つは神経系で、もう一つは遺伝子系である。この議論は以前にしたことがある。この二つの情報系は実際にはまったく別々に働いて、でも同じ歯車というものを創りだした。

なんでもないといえば、なんでもない。そうするしかないから、そうなったのである。でもやっぱり、こういうものを見ていると、ビックリする。同時に嬉しい。だから言ったじゃないか。昆虫の関節は歯車関節だ、と。

最近は「バカの壁」が実証された。私はそう思っている。詳細を語るのは野暮で、紙幅もない。私が先見の明を誇っていると誤解する人があるかもしれない。生物に二つの情報系があると気づかせてくれたのは、中村桂子さんである。昆虫の歯車関節がネットに出ていたと教えてくれたのは、漫画家のヤマザキマリさんである。「バカの壁」を実証してくれたのは、国立情報学研究所の新井紀子さんである。女性の力はしみじみ偉大だと感じる。
さらに年寄りの話は、要するにほぼ自慢話だと教えてくれたのは、やはり漫画家の東海林さだおさんである。男性の名誉のために、一言付け加えておく。

二〇一八年一二月

養老孟司

〈初出一覧〉

Ⅰ　煮詰まった時代をひらく（『現代思想』二〇一八年一月号、青土社）
Ⅱ　世間の変化と意識の変化（『ケース研究』三一八号（二〇一四年）、家庭事件研究会）
Ⅲ　神は詳細に宿る（『新潮45』二〇一六年八月号、新潮社）
Ⅳ　脳から考えるヒトの起源と進化（『現代思想』二〇一六年五月号、青土社）
Ⅴ　「科学は正しい」という幻想（『kotoba』二〇一四年夏号、集英社）
Ⅵ　面白さは多様性に宿る（『現代思想』二〇一七年三月臨時増刊号、青土社）
Ⅶ　虫のディテールから見える世界（『ユリイカ』二〇〇九年九月臨時増刊号、青土社）
Ⅷ　ファーブル賛歌（『kotoba』二〇一七年夏号、集英社）

書籍化にあたり加筆修正しました。

養老孟司（ようろう・たけし）

1937年神奈川県鎌倉市生まれ。解剖学者。東京大学医学部を卒業後、解剖学教室に入る。1995年に東京大学医学部教授を退官し、東京大学名誉教授。1989年に『からだの見方』（筑摩書房）でサントリー学芸賞を受賞。2003年に『バカの壁』（新潮社）で毎日出版文化賞特別賞を受賞。現在も旺盛な言論活動をつづけている。

神(かみ)は詳細(しょうさい)に宿(やど)る

2019年2月8日　第1刷発行
2022年3月18日　第7刷発行

著　者　養老孟司(ようろうたけし)

発行者　清水一人
発行所　青土社
〒101-0051　東京都千代田区神田神保町1-29　市瀬ビル
電話　03-3291-9831（編集部）　03-3294-7829（営業部）
振替　00190-7-192955

印　刷　双文社印刷
製　本　双文社印刷

装　幀　水戸部 功

ISBN978-4-7917-7133-2